"十四五"普通高等教育本科部委级规划教材

ZHONGXI
ZHUANGFA SHI
中西妆发史

霍美霖◎主编　　苏文灏　赵文涵　冯汝月◎副主编

中国纺织出版社有限公司

内 容 提 要

本书为"十四五"普通高等教育本科部委级规划教材。

本书以客观视角兼顾中西方各个时期妆容、发式及饰品等方面的特点,通过图文并茂的方式为读者展现中西方妆发的历史风貌。撰写顺序为先中后西,按历史时期的更迭与妆发变化为叙述框架。

本书既可作为高等院校服装或艺术专业课程教材,也可作为相关行业领域参考用书。

图书在版编目(CIP)数据

中西妆发史 / 霍美霖主编;苏文灏,赵文涵,冯汝月副主编. --北京:中国纺织出版社有限公司,2022.8
"十四五"普通高等教育本科部委级规划教材
ISBN 978-7-5180-9715-9

Ⅰ. ①中… Ⅱ. ①霍… ②苏… ③赵… ④冯… Ⅲ.
①化妆—历史—世界—高等学校—教材②发型—设计—历史—世界—高等学校—教材 Ⅳ. ①TS974.1-091
②TS974.21-091

中国版本图书馆CIP数据核字(2022)第134034号

责任编辑:魏 萌 郭 沫   责任校对:寇晨晨
责任印制:王艳丽

中国纺织出版社有限公司出版发行
地址:北京市朝阳区百子湾东里 A407 号楼   邮政编码:100124
销售电话:010—67004422   传真:010—87155801
http://www.c-textilep.com
中国纺织出版社天猫旗舰店
官方微博 http://weibo.com/2119887771
北京通天印刷有限公司印刷   各地新华书店经销
2022 年 8 月第 1 版第 1 次印刷
开本:787×1092   1/16   印张:10.75
字数:216 千字   定价:59.80 元

他序

　　"美"是全人类共同关注的话题，人们"爱美""好美"，并将审美与哲思结合，形成美学这一重要学科。在几千年美的探寻历程中，人类创造出诸多与美相关的精神财富与物质财富，妆发即是其中一员，它象征着人类对美最为直观的表达，并与衣、食、住、行成为日常生活中必不可少的内容之一。

　　《说文解字》记载："美，甘也。美与善同意。"中国是礼仪之邦，也是尚美之国，中国古代先民常将仪态容貌与礼教思想加以关联，并附会在历朝历代大众的行为规范之中，成为中国古典文化的鲜明特征。既如东晋顾恺之名作《女史箴图》引西晋张华《女史箴》的名言诗跋："人咸知修其容，而莫知饰其性"，外观的美丽打扮更需要内心、德行的修饰；又如大唐芳华下，争奇斗艳的妆发成为女性的必需品，而素颜入宫门的虢国夫人则招致诗人张祜的鄙夷，留下"淡扫蛾眉朝至尊"这一诗句。现在，我们回顾历史的妆容、发式，不仅是为找寻曾经留在往昔间隙中的美丽片段，同时也是从具象、现实的美学视角审视历史发展，明晰人类文明进程中的收获与遗失。

　　《中西妆发史》是霍美霖等年轻学者团队的最新研究成果，初闻此作的想法与构思，一方面感到兴奋与欣慰，另一方面却深知著史研究的体量与学术深度，需要一定的学识水准与成果积淀，方可实现预期。本书达到一部专业性、普及性且易读的艺术史学术文献的要求，书中学术态度客观、准确，对于历史现象的阐释能够保持不偏不倚，并且大量引经据典，体现出良好的学术严谨性，有益于教学与科研工作。翻阅《中西妆发史》，其并非单纯为读者直白介绍中西方各个时期的妆容、发式，而是关联时代背景、社会文化、政治经济等多重因素，让妆发回到历史现场，呈现外观之美的诞生、兴盛、衰退与复现。

文化的自觉与自信是需要更多的艺术专业研究者尤其是青年学者，担负起文化传承、文化创新的科研使命，为学界、教育界提供更加优质、前沿的学术成果。在此对霍美霖博士团队产出最新成果以表祝贺之情，同时寄期望能在未来的学术历程中频出佳作。

朱焕良

2022年春于杭州

自序

"各美其美，美美与共"。美是人类文明社会不可或缺的内容，从远古时期人类用颜料装饰自己的身体，古埃及贵族具有神佑庇护寓意的"黑眼圈"，到中国唐代女性的"云想衣裳花想容"，再到当代社会人们将护肤、彩妆作为日常生活的必备环节，"审美""爱美"始终相伴人类社会的发展与变迁，其记载着人类对于美的认知，以及由美所产生的智慧与思想。

今日，流行时尚、潮流文化"大肆入侵"大众生活的审美视阈之中，人们在享受快节奏且充满视觉冲击的审美文化时，似乎忘却几千年前人类对于美的那种孜孜不倦的探索，以及那些质朴、庄重、绚丽且充满人文色彩的历史片段。文化是民族生存和发展的重要力量。人类社会每一次跃进，人类文明每一次升华，无不伴随着文化的历史性进步。以史为鉴，探寻人类妆发史的魅力所在，呈现中西方妆发的发展脉络，正是本书形成的初衷意向。面对当代多元、复杂的审美趋势，美的"文化性"显得尤为可贵，"潮流至上"的文化背景下深入探讨美的本质与意蕴，正是当前相关学术界人士需要重点关注的议题。

《中西妆发史》是2021年度东北电力大学"十四五"优质教材建设项目成果，在此感谢东北电力大学领导和同事对本书的大力支持！感谢中国纺织服装教育学会、中国纺织出版社有限公司的大力支持与帮助！

本书秉持"通史"体例，用客观视角兼顾中西方各个时期妆容、发式及饰品等方面的特点，通过图文并茂的方式为读者展现中西方妆发的历史风貌。本书的撰写顺序为从中到西，按历史时期的更迭与妆发变化为叙述框架。中国妆发史部分起始于上古时期，终于20世纪末期，贯穿五千余年的美的历程，诠释了中国人妆容、发式从远古的质朴简单，发展到封建社会初期逐渐成熟、封建社会中期雍容富丽、封建社会末期繁缛造作，再至近现代社会中西方文化的相融、交织。围绕人们的妆发进行核心阐发，结合文献、图像及实物进行辅证，并从妆发视角审视历史动态，再现不同历史时期的文化、政治、经济、艺术等多方面社会环境。翻开现存于世的妆发资料，不禁感叹中国古代先民充满才智的妆发设计，以及对于美的深层理解。无论是秦代兵马俑刚毅的束发，唐代仕女新奇的装扮，还是宋代女性典雅自然的容颜，民国初期中西方审美文化的融合，每一种形象都代表着中国的古典之美，每一种妆发样式都积淀着中国人的审美精髓，中国妆发的历史是中国传统优秀文化外观之美的"化身"。西方妆发部分以古埃及时期为开端，结于西方当代时尚潮流之时，保持与西方文明发展史的"同向同行"。西方社会发展过程中，审美是文明显现的一部分，天然化妆材料的发现、不同材质发饰的制作、夸张独特的妆发造型、现代化妆品与染烫发工具的发明，妆发史一次次的内容革新，象征着西方社会文明向未来的迈进，妆发史的递进不仅是人类审美态度的转变，同时也是人类社会文明自觉的赓续。最后，简述中国古代妆发对现代时尚形象设计的启示，通过历史传承深度挖掘中国古代妆饰设计元素的独特魅力，在去粗取精、部分提取的基础上融入设计师独特创意思维加以创新，为当代"中国式妆容"提供母体滋养，使其可以成为中国文化中的一个传承符号。

撰写过程历经多年积累，查阅大量相关文献资料，并与多名业内专家进行反复论证、校对，终成本书全貌。同时，本书副主编苏文灏（中国传媒大学在读博士）、赵文涵（华北理工大学教师）及冯汝月（东北电力大学在读硕士）为本书的形成及出版做了大量资料收集、撰写与校对工作。鉴于本书选题仍处于研究领域的初始阶段，可参考的研究先例较少，书中可能存在的学术问题及疏忽、遗漏，恳请广大读者批评与指正。同时希望能够为相关专业师生提供教学与科研的有益帮助，为中西妆发史的爱好者打开一扇华美、锦绣的历史之门。

霍美霖

2022年3月于吉林

目 录

第五章　中国古代妆发对现代时尚形象设计的启示 / 151

参考文献 / 159

中国古代妆发史

课题名称

中国古代妆发史

课题内容

上古时代至清朝，中国男性、女性妆发的发展脉络

中国古代妆发的变迁、种类与特点

中国古代妆发与社会因素的关联

教学目的

使学生深刻理解与认知中国古代妆发的发展历程

重点历史时期的妆发特点与技巧

感知妆发史所传递出的中华优秀传统文化

教学方式

讲授

教学要求

了解中国古代妆发史发展的脉络、妆发的变迁与特点

掌握重点历史时期妆发制作的方式与技巧

了解相关历史时期化妆原料、制品的制作方式

第一节｜上古时代

一、历史背景

这里所指的上古时代是从"人文初祖"的黄帝时代起，至夏、商、周三代止。

黄帝时代约在公元前两千六百余年，《易经》一书曾记载"黄帝尧舜垂衣裳而治天下"[1]，印证了轩辕氏的存在。这时先民文化已经进入新石器时代中期，即"彩陶文化"阶段，人们生活也演进至农业社会。随着先民智识日益提升，出现了舟车、文字、宫室、木器、陶器、蚕丝等发明技术。

夏、商、周（包括西周和东周）三代是我国由奴隶制社会向封建制社会转变的过渡时期，贯穿夏朝建立至秦王统一中国。《礼记·表记篇》曾记载孔子所述："夏道尊命，事鬼敬神而远之，近人而忠焉，先禄而后威，先赏而后罚，亲而不尊……殷人尊神，率民以事神，先鬼而后礼……其民之敝，荡而不静，胜而无耻。周人尊礼尚施，事鬼敬神而远之"[2]。如上文所述，夏俗一般是愚蠢朴野不文饰；殷代尊神，教人服事鬼神，重用刑罚，轻视礼教；而周代尊礼，畏敬鬼神，但不亲近，待人宽厚，用等级高低作赏罚。周俗一般是好利而能巧取，文饰而不知惭愧，作恶而能隐蔽。由此总结出："夏遵命，商尊神，周尊礼。"

这一时期虽处于乱世，但由于列国兼并、弱国被强国吞没，社会早期的商业关禁自然消除，商业往来、交通运输逐渐便利，加之列国竞争激烈，商业来往频繁，一时间大都市潮涌般林立，促成先秦时期思想百家争鸣的黄金时代。

二、化妆特色

由于缺少关于夏、商时期女性妆饰的相关记载，因而仅能从出土的夏、商时期文物中进行挖掘。在出土的文物中，妆发饰品主要包括玉佩、玉环、项饰、笄（jī，簪）、梳等类别（图1-1），同时，一些玉器上刻有人物形象图案，可以从中略知当时人们的妆发概况。

---

[1] 十三经注疏·周易正义·系辞下［M］.北京：中华书局，1980：87.
[2] 戴圣.礼记（国学大书院）［M］.王学典，译.江苏：江苏凤凰科学技术出版社，2018：1124-1125.

周朝时，已有诸多文献记载女性的装扮内容，同时部分出土文物也可对周代女性妆容特征进行印证，如陶俑的形象与陪葬品中的装饰物。过往学者推断，中国女性的化妆习俗在夏、商、周时期便已兴起。唐代马缟（gǎo）《中华古今注》中曾记载"粉自三代以铅为粉" [1]；秦汉时期《神农本草经》中也提到铅丹和粉锡，如上皆证明商、周前后已能制造铅粉和红黄色的铅丹，这是古代妇女化妆的基本材料。同时，河南安阳殷墟出土的商代宫廷贵族妇女生活用具，不仅有铜镜、梳、耳勺、匕等，还出现一套研磨朱砂用的玉石臼、杵和调色盘似的化妆辅助用品，上面沾有朱砂，证明我国女性化妆习惯最晚在商代即已出现。

商周时期，化妆还局限于宫廷女性层面，其目的为供君王赏悦，而至东周、春秋战国之际，化妆才在平民女性中逐渐流行起来。殷商时期发明的铜镜（图1-2、图1-3）为女性化妆时观看自己容颜提供了便利，推动了化妆习俗的盛行。

三、发式

上古时期，男女多蓄发不剪，传说在燧（suì）人氏时女性开始将头发挽于头顶，称为"髻"。"髻"

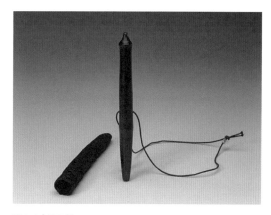

图1-1 | 碧玉笄
图片来源：故宫博物院官网资料图，现藏于故宫博物院

图1-2 | 战国四山纹镜
图片来源：故宫博物院官网资料图，现藏于故宫博物院

图1-3 | 战国铜镜
图片来源：笔者拍摄，现藏于湖南省博物馆

---

[1] 马缟. 中华古今注 [M]. 北京：中文在线数字出版集团，2020：43.

也有"继"或"系"的含义。古代女子梳髻，象征其成年后嫁人生子，以维系家庭命脉。女性最早多以自己的头发相互缠绕成髻，后改用丝及彩绢缠发。

（一）商代发式

观察殷墟出土的人像发式，男子多为辫发（图1-4），通常自右后侧下方梳作三缕，编成细长的发辫，逆时针方向盘绕于顶，然后加冠丁头；或束发于头顶，塑成小辫，往后垂至后脑。同时，商代也有不少断发齐颈人像，或剪到一定长度后修饰成卷曲状发式。

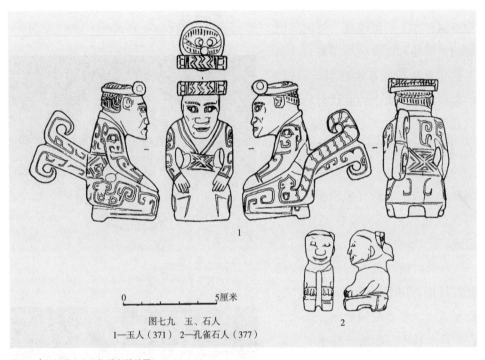

图七九　玉、石人
1—玉人（371）　2—孔雀石人（377）

图1-4｜妇好墓出土人物雕刻线稿图
　　图片来源：中国社会科学院考古研究所《殷墟妇好墓》，文物出版社，1980年版第152页

有关商代女性发式的文献资料较少，在北京故宫博物院收藏的商代透雕玉人佩中，人物头部再现了当时女性的典型发式。头上戴有帽箍，头发向后梳，在头两侧梳发髻，其余鬓发自然下垂，两鬓发尾向上卷成螫（shì）尾形，在发髻上插对称的鸟形发笄。这种鸟形发笄多为女性头部装饰，且多成对出现，比喻成双成对、永不分离，而未成年人多梳双髻、插双笄。河南安阳殷墟出土的玉雕小孩头上作丱（guàn）角，是目前所见最早的一种式样。同时，儿童也有梳双丫髻于头顶左右，脑后发丝分左右双环上盘，即"总角"，这种习俗一直延续至清代，但魏晋南北朝时期，却出现大人梳双丫髻的反常现象（图1-5）。

(二)周代发式

周代尚礼,产生了完备的冠服制度。《礼记》中明确规定"男子二十而冠,女子十五而笄"[1]作为成人的标志,而披发则是不守礼的表现。束发梳髻成为此时最普遍的发式,并一直延续千年,直至中国封建社会彻底结束。

周代女性流行梳高髻,先将长发理成两缕,右缕挽一小髻,在头后向左缠绕,与左缕合成一束,再绾成扁圆饼状偏高髻。周代男子也盛行梳髻,并且男子戴冠时必须头发梳髻,以示礼制;周代男女皆使用笄,女子用来梳髻,男子用来固定头冠。"服周之冕",周代为中国后期历代君王冠服制度与百姓冠发规定树立

图1-5 河南安阳殷墟妇好墓出土的玉阴阳人(女面)拓片
图片来源:中国社会科学院考古研究所《殷墟妇好墓》,文物出版社,1980年版第154页

了标准。同时,周代南方的楚国、吴国和越国等地还盛行断发和辫发,中原地区的礼教思想仍未渗透其中。

(三)商代头饰

在商代出土的相关人俑中,头部经常会出现发箍式的头饰,此被认为是商代特有冠的形式,根据其形态称为"绳圈冠"或"筒圈冠"。一些"绳圈冠"前端会横置一刻花细管,也有的在"筒圈冠"中央装饰高扬花饰(似为插羽),或加接兽面纹饰片。"筒圈冠"由"绳圈冠"衍生而来,主要为当时社会的上流人士所用。

随着高髻的流行,还产生了另一种发饰——假髻。假髻通常由黑丝绒制成,有副、编、次等名称,商代女性非常盛行佩戴假髻。

---

[1] 此处为《礼记·乐记篇》中对冠笄的解释。[宋]戴圣.谦德国学文库.礼记·乐记篇[M].中华文化讲堂,注释.北京:团结出版社,2017:381-382.

四、面部化妆

（一）面

"以粉饰面"是古代妇女化妆的第一步。《战国策》记载："彼郑、周之女，粉白墨黑" ❶。《楚辞》也曾记载："粉白黛黑，施芳泽只" ❷。

古代化妆用粉主要为金属类的铅粉和植物类的米粉。铅粉傅面，有较强的吸附力，但容易硫化变黑，因此常用米粉。以白粉涂在肌肤上，使洁白柔嫩，粉妆的目的便在于此。因此，当时将此种敷面方式称为"白妆"。除铅粉和米粉，当时还有一种面妆材料名为"水银腻"，涂抹时即以粉扑蘸取妆粉，再涂于脸上。粉扑由丝、绸之类的软性材料制成。

（二）颊

根据《中华古今注》记载："燕脂盖起白纣，以红蓝花汁凝作燕脂，以燕国所生，故曰燕脂，涂之作桃花妆" ❸。

为了使用、贮藏的便利，古代胭脂大多凝成膏瓣，或混染成粉类，或制成花饼，也有用汁液浸棉、丝、纸等方式。使用时，如是制成膏状，只要挑一点点、用水化开、抹在手心，再涂匀在脸上即可。

（三）眉

从文献资料看，战国时期便已出现了画眉之风，此时的画眉材料以黛为主。古代的黛既来自矿物材料，也有植物质料。矿物类的石黛除石墨外，还常选用石青；植物类的黛主要指青黛。石青和青黛会随着浓淡深浅呈现出蓝、青、翠、碧、绿等丰富的色彩变化。女性的眉式一般画长眉，画眉时先将原有的眉毛除去，再用颜料画眉。

（四）唇

这一时期女性主要是点唇的习俗，就是将唇脂涂抹在嘴上。

---

❶ 刘向. 战国策·楚策三 [M]. 缪文远，缪伟，罗永莲，译. 北京：中华书局，2015：884.

❷ 屈原. 楚辞 [M]. 亦文，注. 北京：中国画报出版社，2014：686.

❸ 马缟. 中华古今注 [M]. 北京：中文在线数字出版集团，2020：42.

第二节 | 秦汉时代

一、历史背景

公元前221年，秦王嬴政统一六国，天下统一。虽然秦始皇暴政残虐，但统一了律令、文字、衣冠及语言。虽然有关秦代服饰妆扮的文献记载很少，但汉代实行了秦代的遗制，因此，可以将秦代视为上古时代至汉代的过渡时期。

汉代在经济、文化方面发展迅速，西汉武帝曾两次派张骞出使西域，加强了中原与西域的沟通，开疆拓土，实现了前所未有的广阔疆域。汉代国富民强，堪称太平盛世，经济、文化的蓬勃发展使妆扮审美愈加丰富，增添了诸多装饰色彩。

二、化妆特色

两汉时期，随着社会经济的发展和人们审美意识的提高，无论是贵族还是平民阶层的妇女皆注重自身的容颜妆扮。此阶段出现了许多不同的妆型，如"八字眉""远山眉""慵来妆""啼妆"等，化妆用具逐渐丰富起来，如螺子黛等。1972年，湖南长沙马王堆西汉墓出土的文物中，不仅出现了梳、篦、笄与铜镜等化妆用具，同时还出现了脂粉、胭脂等化妆材料（图1-6、图1-7）。

图1-6 油彩双层长方漆奁
图片来源：笔者拍摄于湖南省博物馆

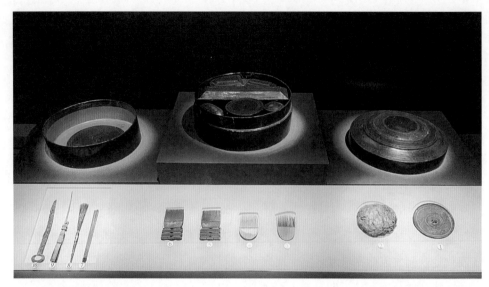

图1-7 | 双层六子锥画漆妆奁
图片来源：笔者拍摄于湖南省博物馆

三、发式

（一）秦代发式

秦代妇女的发型根据《中华古今注》记载："始皇诏后梳凌云髻。三妃梳望仙九鬟髻，九嫔梳参鸾髻……令宫人当暑戴黄罗髻，蝉冠子，五朵花子"[1]。这里的黄罗髻指的是一种假髻，以金银铜木为胎做成髻状，外蒙缯（zēng）帛，使用时套在头上，以簪钗固定。其他古文献中还记载有神仙髻、迎春髻、垂云髻等，这些发型的命名很显然受到当时人们普遍喜好神仙的风气影响（图1-8）。

秦代男子的发式由于秦兵马俑的出土，为人们提供了丰富的资料，主要包括以下几种：

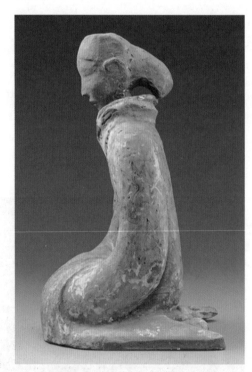

图1-8 | 女跽坐陶俑
图片来源：徐州市文物考古研究所官网资料图

---

❶ 马缟. 中华古今注 [M]. 北京：中文在线数字出版集团，2020：39-41.

1．步兵俑发式

步兵俑发式大致有四种类型：第一，圆锥形髻，脑后和两鬓各梳一条三股或四股小辫交互盘于脑后，脑后发辫拢于头顶右侧或左侧，绾成圆锥形发髻，多数发髻裸露根部，并以红色发带束结，带头垂于髻前，也有少数女性头戴圆形软帽；第二，扁髻，将所有的头发由前向后梳于脑后，分成六股，编成板形发辫，上折贴于脑后，中间夹一发卡；第三，头戴长冠，发髻位于头顶中部，罩在冠室之内；第四，头戴鹖（hé）冠，但发式不明。

2．骑兵俑发式

头戴赭色圆形介帻（zé），上面采用朱色绘满三点成一组的几何花纹，后面正中绘一朵较大的白色桃形花饰，两侧垂带，带头结于颏下。

3．御手俑发式

头顶右侧梳髻，外罩白色圆形软帽，帽子还带有长冠；御手俑左右两侧的甲士俑束发，头戴白色圆帽。

4．跽（jì）坐俑发式

在前顶中分，然后沿头的左右两侧往后梳拢，在脑后绾成圆形发髻，无发带、发卡等冠戴。秦俑的不同发式与头饰，是区分兵种和身份、地位的重要标志（图1-9、图1-10）。在多种兵联合作战的情况下，为了便于识别和指挥调动，发式

图1-9　秦始皇陵出土站立俑
图片来源：秦始皇陵兵马俑官网资料图，现藏于故宫博物院

图1-10　秦代陶跪俑
图片来源：故宫博物院官网资料图，现藏于故宫博物院

成为区分不同兵种的标志。另外，秦俑发式和发饰的繁复多样，与秦俑内部复杂的等级关系是相对应的。尚右卑左是这一时期的历史特点，是否加戴饰物也是秦军区别等级的重要标志。秦代男女的鬓发，大多被修剪成直角状，鬓角下部的头发则全部剃去，给人以庄重、严整的感觉，此种发型源于秦代严格的等级制度与极端专政的统治。

（二）汉代发式

汉代女性发型普遍以梳髻为主，并受到西域影响，髻的样式主要有迎春髻、垂云髻、堕马髻、盘桓髻、百合髻、分髾髻、同心髻、三角髻、反绾（wǎn）髻等（图1-11、图1-12）。就整体来看，西汉的发髻有三个特点：第一，头发大多中分，且头顶部分较平，不如东汉的髻高；第二，自头顶分好头线后，再向后梳成总髻；第三，脑后的发髻多为向下的发髻。

图1-11 陶女舞俑
图片来源：故宫博物院官网资料图，现藏于故宫博物院

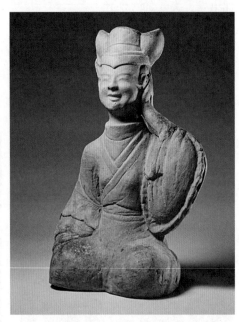

图1-12 陶听琴女俑
图片来源：故宫博物院官网资料图，现藏于故宫博物院

到了东汉，女性发髻逐渐向上发展，这种崇尚高髻的风气一直延续到南北朝及唐朝。梳高髻必须拥有又多又长的浓密头发，如果头发稀疏，则需要使用假发。

在汉代各种发髻中，最突出的是梁冀妻子孙寿所梳的"堕马髻"（图1-13），这是一种侧在一边、稍带倾斜的发髻，好像人刚从马上摔下来的姿态，所以取名为堕马髻。此发型一直流传下去，直至清代；而在其后的历史时期，发式的形式会稍有不同，名称也有所改变。

男子的发式自周代起便呈现出梳髻形式，有的梳髻在头顶，有的是扁髻、贴在脑后，发髻外侧戴冠巾、束巾，或者直接是露髻式，此种发式一直延续到明代。除部分少数民族政权统治时期汉族男子改变发式外，其他时期男子普遍保持梳髻的形式，男子仅凭首服样式的差异，予以区分身份等级。

四、面部化妆

（一）面

宋代高承的《事物纪原》曾记载，秦始皇时期宫中女人多以红妆翠眉妆扮，表示当时女性的面部已经有了"色彩"。

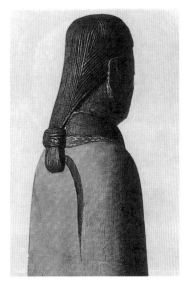

图1-13 | 汉堕马髻
图片来源：百度百科网页，堕马髻图片资料

汉代妇女喜好敷粉，并且在双颊涂抹朱粉。当时有个名叫翁伯的人，以贩卖脂膏富倾县邑，可见当时化妆品已被允许贩卖，并且使用普遍。汉代以后，铅粉被吸干水分，制成粉末或固体的形状。由于其质地细腻，色泽洁白，储存便利且长久，因此逐渐取代了米粉（图1-14）。

图1-14 | 仇英《汉宫春晓图》局部（现藏于台北故宫博物院）
图片来源：巫鸿《中国绘画中的"女性空间"》，生活·读书·新知三联书店，2019年版第368-369页

（二）颊

史籍记载张骞第一次出使西域（公元前138～公元前126年）在汉武帝时，途经陕西焉支山，此地当时属于匈奴管辖，并盛产红蓝草，匈奴女性用来作红妆。随后，"焉支"一词随"红蓝"传入汉民族，含有双重意义，既是山名，又是红蓝植物的代称。由于是胡语，便有了多种写法，南北朝写成"燕支"、隋唐写为"臙脂"、后人逐渐改成"胭脂"。

（三）额

妇女在额头上涂黄是南北朝流行起来的一种习俗，但晚唐温庭筠《汉皇迎春词》中"豹尾车前赵飞燕，柳风吹散额间黄"，表明可能汉代宫中便形成了额上点黄的习俗。

《中华古今注》记载："花子秦始皇好神仙，常令宫人梳仙髻，帖五色花子，画为云凤虎飞升"❶。也表明秦代宫中贴花子的妆饰方法，只是式样及颜色比较简单。

（四）眉

两汉画眉的风气上乘先秦诸国，下开魏晋隋唐之风，开创了中国妇女画眉史上的第一个高潮。汉代盛行的眉式主要是长眉。汉武帝时宫人画八字眉，眉头部分稍微抬高，眉尾下压，其实也是长眉的一种形式。远山眉，也是汉代流行的一种眉式，眉色浅淡，属长眉的一种，这种式样一直持续到魏晋时代。一种说法是司马相如的妻子卓文君所创，司马相如《上林赋》中有"长眉连娟"的描写，"连娟"即强调眉型弯曲而细长。另一种说法是，此眉型为汉成帝宠姬赵飞燕之妹赵合德所创。赵合德最喜欢画远山眉，她将头发挽起，脸上只有淡淡的画眉，似如远山，再擦上薄薄的少许胭脂，显得慵懒娇柔，此淡妆便是有名的"慵来妆"。

汉代还出现了阔眉（广眉、大眉），眉型颇长，并用青黑色的颜料描画。这种风气首先出现在长安城，至东汉年间，妇女又恢复了画长眉的习惯。《后汉书》中"桓帝元嘉中，京都妇女作愁眉、啼妆……"❷愁眉也是一种长眉，当时京都流行"愁眉啼妆"，据传为东汉权臣梁冀之妻孙寿率先作此妆扮。愁眉是将眉毛画得细长且弯曲，眉梢向下，好似皱眉一般，啼妆则是在眼下擦上白粉，如同刚刚哭过一样（图1-15）。

---

❶ 马缟. 中华古今注 [M]. 北京：中文在线数字出版集团，2020：43.
❷ 范晔. 后汉书·乌桓鲜卑列传 [M]. 北京：中华书局，2007：4718.

（五）唇

点唇最早起源于秦代，到了汉代已经蔚成习俗。点唇的材料称为"丹"，也叫"朱砂"，是一种红色矿物颜料，具有强烈的色彩效果，涂在唇上可强调唇型及增加唇色。但由于不具黏性，很容易被口沫溶化，因此古人在其中加入适量的动物脂膏，既防水也增加了色彩的光泽性。

图1-15 ｜ 佚名《梅花仕女图》（现藏于台北故宫博物院）
图片来源：王耀庭《故宫书画图录（第五册）》，故宫博物院，2003年版第201-202页

第三节｜魏晋南北朝

一、历史背景

魏晋南北朝跨越多个历史时期，起于公元220年曹丕代汉，终于公元前589年隋灭陈统一全国，共369年。这一时期国家处于动荡、分裂状态，先为魏、蜀、吴三国鼎立，而后司马炎篡位建立晋朝，史称西晋；司马睿在南方建立偏安的晋朝，史称东晋；东晋后，南方历宋、齐、梁、陈四朝，统称南朝。与此同时，经历鲜卑拓跋氏统治北魏后，又分裂为东魏、西魏，而后又分别演变为北齐、北周，统称北朝，直至杨坚建立隋朝，再次统一全国。

这一时期战乱频繁，社会动荡不安，一方面使社会经济遭到了严重的破坏；另一方面由于南北迁徙，民族错居，也加强了各民族之间的交流与融合。思想上由儒学引向了玄学，批判儒学的束缚，求得人格的绝对自由。此外，佛教思想在魏晋时期产生了深远的影响，随之而来的异域文化，对汉文化视阈下的文学、音乐、舞蹈、建筑、雕塑、绘画、服装乃至妆饰等领域注入了活力与生机。

二、化妆特色

这一时期由于北方少数民族的势力逐渐扩张到中原，中原人民逐渐向南迁徙，各民族经济、文化的交流融合，世风习俗也随之经历了由质朴向洒脱、萎靡、绮丽的转变，女性妆扮技巧日趋成熟，呈现出多样化。

纵观魏晋时期女性形象，面部妆扮在色彩运用方面更加大胆，妆扮的形态也有不少变化。女性多以纤瘦为美，好体态羸弱、娇不胜持的"病态美"（图1-16）。脂粉类化妆品的制作到魏晋时期亦已成熟，工艺繁复，质量较高，因产生可观的商业利益，官府开始插手妆品制造行业，出现了官民竞市的场景。

图1-16 | 顾恺之《列女仁智图》局部（现藏于故宫博物院）
图片来源：杨建峰《中国人物画全集：上卷》，外文出版社，2011年版第16页

三、发式

（一）女子发式

自魏晋南北朝开始，汉代女子流行的垂髻已不复，而耸立的高髻开始在女子的发式中独树一帜。高髻的样式较繁多，主要有以下六类：

1. 灵蛇髻

发髻梳挽时将头发掠至头顶，编成一股、双股或多股，然后盘成各种环形；因其样式扭转自如，似游蛇蜿蜒盘曲，故命名为"灵蛇"。这种发式相传为魏文帝皇后甄氏所创。相传东晋顾恺之《洛神赋》中的洛神即梳这种发髻，后来的"飞天髻"便是在此基础上演变而成的（图1-17）。

图1-17 | 顾恺之《洛神赋图》局部（现藏于故宫博物院）
图片来源：杨建峰《中国人物画全集：上卷》，外文出版社，2011年版第15页

2. 飞天髻

始于南朝宋文帝时，最初为宫娥所作，后遍及民间。这种发髻梳挽时将头发掠至头顶，分成数股，每股弯成圆环，直耸于上，因酷似佛教壁画中的飞天形象而得

名（图1-18）。

图1-18｜河南邓县（今邓州市）出土南北朝时期贵妇与仕女砖刻画像
图片来源：沈从文《中国古代服饰研究》，商务印书馆香港分馆，1981年版第133页

3. 螺髻

形似螺壳的"螺髻"在北朝妇女中非常流行。由于北朝多信佛教，传说佛发多为绀青色，长一丈二，向后萦绕，作螺形，故为此名。此种发式直至唐代仍然流行。

4. 惊鹤髻

此种发式兴于魏宫，流行于南北朝，至唐及五代仍然盛行不衰。头上发髻作两扇羽翼形，似鹤鸟受惊，展翅欲飞。

5. 撷（xié）子髻

为晋代妇女的一种发髻，发型样式是编发为环，以色带束之。相传为晋惠帝皇后贾南风首创，撷子意为套束，其音"截子"，隐含害太子之意，是对淫虐无道、专横跋扈的皇后贾南风的一种讽刺，因此这种发式并没有流传开来。

6. 十字髻

这种发式是先在头顶前部挽出一个实心髻，再将头发分成两股，各绕一环垂在头顶两侧，呈"十"字形，脸的两侧还留有长长的鬓发。

除上述发式外，还有反绾髻、函烟髻、云髻、盘桓髻、芙蓉髻、太平髻、回心髻、双髻、飞髻、秦罗髻等。

由于此时的女子都好挽高髻，因此假发的使用非常普遍，成为女性喜爱的头部装饰；魏晋南北朝时期，上自妃后，下至民女，皆有佩戴假发的习俗。

（二）女子鬓发

除此之外，魏晋南北朝时期女子的鬓发修饰也很有特色，主要呈现以下三种。

1．长鬓

将鬓发留长，下垂不仅过耳，而且长至颈部，有的甚至披搭于两肩。更有别出心裁的女性，将发梢修剪成分叉式，一长一短，左右各一（图1-19）。

图1-19 顾恺之《女史箴图》局部（现藏于大英博物馆）
图片来源：杨建峰《中国人物画全集：上卷》，外文出版社，2011年版第12页

2．阔鬓

即宽大的鬓式，此鬓有鸦鬓和缓鬓之分。鸦鬓是梳时将鬓发整理成薄片状，两头高跷弯曲，形似鸦翅；发髻部分窄而高耸，宛如鸦首，整个造型酷似展翅欲飞的雏鸦，因此得名。这种鬓式始于六朝时期，至唐代流行起来，多用于年轻女子，后来成为女性鬓发的一种代称。缓鬓可以将双耳遮住，并与脑后的头发相连。梳这种鬓发的女子多为王公贵妇，她们除了饰以缓鬓外，还要配上假发制成"倾髻"，以体现雍容华贵之感。

3．薄鬓

即以膏沐掠鬓，将鬓发梳理成薄片之状，紧贴于面颊。因其轻如云雾，薄如蝉翼，因此又称"蝉鬓""云鬓""雾鬓"。这种鬓式出现在三国时期，相传是魏文帝宫人莫琼树所创。

（三）男子发式

魏晋南北朝时期的文人，由于不受世俗礼教约束，行为放荡不羁，因此披发重新流行起来。有些士人也梳丫髻，和长须搭配在一起，在当时属于"服妖"行径（图1-20）。

图1-20 南京西善桥出土《竹林七贤和荣启期砖刻画》拓片（现藏于上海博物馆）
图片来源：沈从文《中国古代服饰研究》，商务印书馆香港分馆，1981年版第119页

四、面部化妆

（一）面

据《华阳国志》记载："县下有清水穴，巴人以此水为粉，则膏晖鲜芳，贡粉京师，因名粉水；故世谓'江州堕林粉'也"❶。古代用以擦脸的粉是因加入香料才成为香粉，而巴郡清水穴的水做成的粉，具有天然芳香气味且极为鲜白，因此被人津津乐道。

在整体妆式而言，女性的面部妆扮为先在脸上敷粉，再将胭脂置于手掌中调匀

---

❶ 汪启明，等. 华阳国志·系年考校 [M]. 北京：中国社会科学出版社，2021：130-131.

后抹在两颊上，颜色浓的称为"酒晕妆"，颜色浅的称为"桃花妆"。如果先在脸上抹一层薄薄的胭脂，再用白粉罩在上面，就成了"飞霞妆"。这时还有一种特殊的妆式，称为"紫妆"。《中华古今注》记载魏文帝宠爱的宫人段巧笑"锦衣丝履，作紫粉拂面"❶。当时这种妆式比较少见，但可以看出古代以紫色为华贵象征的审美意识。

（二）颊

早期胭脂制成后必须阴干，到了南北朝时期，在胭脂中加入了牛髓、猪脂等物质，使之变成一种润滑的脂膏，因而胭脂的写法由"燕支"写作"胭脂"。唐代妇女在面颊上盛行的"斜红"妆饰，据传最早产生于三国魏文帝时期，其是用胭脂在面部绘上类似血痕的妆饰，称为"晓霞妆"，后来演变成唐朝时的特殊妆式——斜红（图1-21）。此外，还有一种施于面颊酒窝位置的妆饰，称为"面靥"，也称"妆靥"，靥指酒窝，据传源于三国时期吴国孙和的邓夫人。

（三）额

魏晋南北朝之前，女性面部化妆的主要色彩为红色；而至这一时期，黄色开始流行，即"额黄"的妆饰，此种妆饰的产

图1-21 阿斯塔那唐墓出土绢画《胡服美人图》局部
图片来源：杨建峰《中国人物画全集：上卷》，外文出版社，2011年版第62页

生与佛教思想有一定关联，女性礼佛时模仿涂金的佛像，将自己的额部涂染成黄色，久而久之衍生出一种妆饰。

额部涂黄的方式有两种，一种是染画，另一种是粘贴。所谓染画就是用画笔沾黄色染料涂在额上，顺势将整个额头全部涂满；有时只涂一半，或上或下，再以清水晕染开来。粘贴法是直接以一种黄色材料制成的薄片状饰物，沾胶水黏贴在额上，由于可以将薄片剪成各种花样，因此有了"花黄"的别称（图1-22）。

---

❶ 马缟.中华古今注［M］.北京：中文在线数字出版集团，2020：39.

图1-22　南北朝（传）杨子华《北齐校书图》局部（现藏于波士顿艺术博物馆）

"花钿"又称"花子"，也是额饰的一种。相传南朝宋武帝的女儿寿阳公主卧于含章殿檐下休息时，殿前梅树的一朵梅花被风吹落在公主额上，用手拂不去，三日之后洗落，但额上已被染成五枚花瓣的形状，宫中女子纷纷效仿，形成一股风潮，这种妆饰为主的妆便称为"梅花妆"。秦始皇时期便已有贴花子的妆饰法，发展到魏晋南北朝时期，式样更加丰富且花俏，颜色也更艳丽。

还有一种"点妆"，是从早期宫中的特殊标志"丹"演变而来。"点丹"传到民间，逐渐成为一种女性脸上的流行妆饰，点在额上称为"天妆"，点在双颊称为"双的"。

（四）眉

魏晋时期，妇女画眉基本上承袭了汉朝的风尚，虽然也有画宽广眉式的，但仍主要画长眉。魏武帝时创"仙娥妆"，眉头相连，一画连心细长，被称为"连头眉"，这种样式一直流行到齐梁时期。《妆台记》记载："后周静帝令宫人黄眉墨妆"[1]。所谓墨妆就是以黛色颜料施于额上，由此可知眉有黛眉、墨眉与黄眉之类别。

（五）唇

魏晋南北朝时期，女性的点唇并无特殊的样式，一般以小巧灵秀为美。如果嘴唇天生不够小巧，在粉妆时需要连嘴唇一起敷成白色，再用唇脂重新画出唇型。

❶ 褚人获.坚瓠记·四·补集卷之三［M］.李梦生，校点.上海：上海古籍出版社，2012：3660.

第四节 | 隋唐五代

一、历史背景

　　隋唐五代是中国历史长河中最为重要的时期，从公元6世纪末起，至公元10世纪中叶，共计三百余年的封建统治时间。其中，唐朝是中国历史上最辉煌的一个朝代，国势强大，物质丰沛，威名远播边疆及海外。

　　公元581年，隋文帝杨坚夺取北周政权建立隋王朝，后灭陈统一中国。但隋炀帝横征暴敛，挥霍无度，使隋朝仅仅维持了39年。唐自李渊开国，平定群雄之后，李世民继位为太宗，在位二十多年间，政通人和、民生安乐，历史上称此太平盛世为"贞观之治"。之后到唐玄宗十年为止，国泰民安、社会富裕，史家称"开元之治"。安史之乱后，唐朝由盛转衰。公元907年，朱温灭唐，建立梁王朝，使中国陷入了长达半个世纪的混乱分裂中。因梁、唐、晋、汉、周五个朝廷相继而起，占据中原，连同出现的十余个封建小国，因此在历史上被称为五代十国。

二、化妆特色

　　隋代初期，女性妆扮较为素朴；至炀帝时，宫廷审美趋向发生转变，贵族女性群体中形成了一种虚荣、浮夸的社会风气。不过由于隋代只有短短三十多年的历史，加之北周宣帝还曾有法令规定民间女性不可过度妆扮，只有宫女可以施粉黛。因此，宫中争奇斗艳的妆饰风气对民间社会的影响不大。

　　唐朝国势强盛，经济繁荣，并且广泛接触四方少数民族，受到少数民族观念的深度影响。此时，社会风气开放，女性追求时髦与崇尚新奇之风，如穿外族服装、戴外族帽、着军装、衣男服等（图1-23），标新立异的服饰现象层出不穷。唐朝盛期，无论是官妓还是女闾，都浓妆艳抹，着意修饰。在这种风气背景下，女性妆扮的发展与变化较为迅速，出现了诸多新奇妆饰方式，引发广泛的模仿与追随。当时京都长安，驻留着大量其他民族与国家的人士，俨然成为中西方文化交流的中心，长安城内的女性因多元文化交融，妆扮更加时髦、华丽，充满大胆与热情的健康美，也正由于唐朝深受外来文化影响，女性表现出不拘泥礼教、突破束缚的审美特征。因此，多种形式的面部妆容花样在此时已发展完备，不同眉型、唇式样，配上

图1-23 | 唐张萱《虢国夫人游春图》局部（现藏于辽宁省博物馆）
图片来源：纪江红《中国传世人物画·上卷》，北京出版社，2004年版第38页

多变、夸张的发型，色彩浓淡不同的颊部，以及形形色色的妆靥、额黄和花子等，塑造出唐代女性多姿多彩、变化多样的妆容仪态。总结起来，唐代女性妆容内容包括敷铅粉、抹胭脂、画黛眉、贴花钿、点面靥、描斜红及涂唇脂等。此外，女性化妆材料不仅取自于天然材料，一些画眉及涂胭脂的材料也可以通过人工制作。这一切表明，唐朝时期中国女性的化妆技术已经发展到高度的成熟阶段，形成了中国古典女性形象的标志。

三、发式

（一）隋代发式

隋代的发式比较简单，发型大多是作平顶二层或三层，层层向上推，有的像戴帽子一般，有的状如平云重叠。这些式样具有一定的普遍性，身份贵贱的差异不大。现今，能够查询到隋代的发髻名称有凌虚髻、祥云髻、朝云近香髻、奉仙髻、侧髻、迎唐八鬟髻、双鬟望仙髻、翻荷髻、坐愁髻、盘桓髻等。

（二）唐、五代发式

唐朝女性的发式非常丰富，既有承袭前朝，又富有创新（图1-24、图1-25）。

初唐时，女性的发式变化较少，但在外形上已不像隋代那般平整，且有向上耸立的趋势。发展至中唐，发髻越发高耸，样式不断推陈出新。唐初，贵妇喜欢将头发向上梳成高耸的发髻，如"半翻髻"（图1-26）将头发梳成刀形，直直地竖在头

图1-24 | 唐永泰公主墓《持物侍女图》北侧局部
图片来源：徐光冀《中国出土壁画全集·陕西卷》，科学出版社，
2011年版第316页

图1-25 | 唐永泰公主墓《持物侍女图》南侧局部
图片来源：纪江红《中国传世人物画·上卷》，北京出版社，2004
年版第18页

图1-26 | 西安王家坟村出土三彩釉陶女俑
　　　　图片来源：现藏于中国国家博物馆

图1-27 | 唐代彩绘木胎绢衣舞蹈女俑
　　　　图片来源：吐鲁番市阿斯塔那206号墓出土，现
　　　　藏于新疆维吾尔自治区博物馆

顶。除此之外，当时流行的还有"回鹘髻"（图1-27），髻式也是向上高举。回鹘是中国西北地区的少数民族，为维吾尔族的前身。这种发型在皇室及贵族间广为流行，至开元、天宝时期逐渐少见。开元、天宝时期的发式特征是"密鬓拥面"，蓬松的大髻加步摇钗及满头插小梳子。"浓晕蛾翅眉"的造型即成熟于这一时期，此时期妇女的体态丰腴、衣饰较宽大、裙长曳地。另外，少数贵妇还流行用假发义髻，使头发显得更蓬松，如上均属于当时的审美特征。普通女性较多梳一种"两鬓抱面，一髻抛出"的"抛家髻"（图1-28、图1-29），这是盛唐末年京城女性较为流行的一种发式。

中晚唐时，妇女的发髻效仿吐蕃，流行梳"蛮鬟椎髻"式样（图1-30）。这种式样就是将头发梳成向上、椎状的一束，再侧向一边，加上花钿、梳子来点缀。

图1-28 陶彩绘女俑
图片来源：故宫博物院官网资料图，现藏于故
宫博物院

图1-29 陶仕女俑
图片来源：故宫博物院官网资料图，现藏于故
宫博物院

图1-30 佚名《宫乐图》局部（现藏于台北故宫博物院）
图片来源：杨建峰《中国人物画全集·上卷》，外文出版社，2011年版第56页

第一章 中国古代妆发史 —— 025

晚唐、五代时，女性发髻的高度又有所提高，并且在发髻添加插花装饰。宋初流行的花冠便是延续唐末、五代的花朵装饰风俗，其中尤以牡丹花装饰为最，将牡丹花插在头发上，更显女性妩媚与富丽。

总而言之，唐代妇女的发髻式样繁多，也产生了不同的名称，但大多数女性喜好梳髻或鬟，也崇尚高髻，注重华美的饰物，尤其是在贵族妇女群体中（图1-31～图1-34）。唐朝妇女也较为注重修饰鬓发，而且均与发髻的式样配合，如蝉鬓、云

图1-31　周昉《簪花仕女图》局部（现藏于辽宁省博物馆）
　　　　图片来源：杨建峰《中国人物画全集·上卷》，外文出版社，2011年版第42页

图1-32　周昉《挥扇仕女图卷》局部一（现藏于故宫博物院）
　　　　图片来源：杨建峰《中国人物画全集·上卷》，外文出版社，2011年版第44页

图1-33　周昉《挥扇仕女图卷》局部二（现藏于故宫博物院）
　　　　图片来源：杨建峰《中国人物画全集·上卷》，外文出版社，2011年版第44页

图1-34 张萱《捣练图》局部（现藏于波士顿艺术博物馆）
图片来源：杨建峰《中国人物画全集·上卷》，外文出版社，2011年版第41页

鬟、业鬟、轻鬟、雪鬟、圆鬟、松鬟等，并在厚薄、疏密、大小等方面有所差异，式样讲究。唐朝妇女大多偏好薄鬟，也就是所谓的蝉鬟。

（三）男子发式

隋唐五代时期的男子发式仍然为束发成髻，外有巾帽。当时掩发巾帽的主要形式为幞（fú）头纱帽（图1-35）。

图1-35 阎立本《步辇图》（现藏于故宫博物院）
图片来源：杨建峰《中国人物画全集·上卷》，外文出版社，2011年版第28页

四、面部化妆

（一）面

女性在脸上抹粉是历代以来一直未改变
的化妆方式。中唐时期曾流行过袒领襦裙，
由于领口较低，易袒露胸脯，因此除了在脸
部抹粉之外，连颈部、胸部也都擦拭白粉，
以起到美白的妆饰作用（图1-36）。

脸部所擦的粉除了涂白色称为"白妆"
外，甚至还有涂成红褐色的"赭面"妆。"赭
面"妆的风俗源于吐蕃，贞观之后随着唐朝
的"和蕃政策"，两民族之间的文化交流不断
扩大，"赭面"妆也被传入中原，以其独特妆
容特点被众多女性效仿，盛行一时。"安史之
乱"后，传说有一种"杨妃粉"，腻滑光洁，
具有润泽肌肤的美容功效，很适合女子使用，
这种粉产于四川马嵬坡，取用这种粉需要先
祭拜一番。

五代时，面靥妆饰大大发展，妇女们往
往以茶油花子，制成不同大小的花鸟图案，
贴在脸部各处，这种妆饰法在中原很少见到
（图1-37）。根据史料记载，此种妆饰品用油
脂制成后放在小的钿镂银盒子里存储，用时
呵气加热贴在脸上。

唐末五代时还有一种"三白妆"的化妆
法，即在额、鼻、下巴三个部位用白粉涂成
白色，非常特殊（图1-38）。

（二）颊

图1-36　陶彩绘女俑
图片来源：故宫博物院官网资料图，现
藏于故宫博物院

唐朝时流行"妆红"，顺序为先敷白粉，再抹胭脂，一般形成较为浓郁的妆容。
"一抹浓红傍脸斜"，即说明当时胭脂的涂抹方法与现今女性涂腮红的方法相似。当
时女性对胭脂的爱好与今人相比犹有过之，妆红的种类发展到唐朝丰富多样，并根

图1-37 佚名《仕女图》(现藏于新疆维吾尔自治区博物馆)
图片来源：杨建峰《中国人物画全集·上卷》，外文
出版社，2011年版第60页

图1-38 唐寅《孟蜀宫妓图》局部（现藏于故宫博
物院）
图片来源：杨建峰《中国人物画全集·下
卷》，外文出版社，2011年版第248页

据颜色深浅、范围大小进行归类。浓者娇艳，淡者优雅，有时染在双颊，有时几乎
满面涂红，有时兼晕眉眼。

唐代女性的面靥妆饰通常以胭脂点染（图1-39）。在盛唐以前，妆靥大多为黄
豆般的两个圆点。盛唐以后，面靥的式样丰富起来，有的形如钱币，称为"钱点"；
有的形如桃杏，称为"杏靥"；还有的在面靥的四周用各种花卉图案装饰，称为
"花靥"，花卉图案的位置不一定在嘴角，也有的在鼻翼两侧。晚唐五代以后，面靥
妆饰越来越繁复，除了圆点花卉图案外，还增加了鸟兽图形，甚至将这种花纹贴得
满脸都是。

"斜红"的妆式早在南北朝时期便有（图1-40），唐朝时此风更盛，唐朝墓葬出
土的女俑脸上都绘有两道红色的月牙形妆饰。一般而言，唐朝妇女的斜红大多描绘
在两鬓到颊部间，有的较工整如弦月，有的较繁杂如伤痕。

（三）额

唐代延续了前朝女性的额头装饰，女性在额头眉宇中心的部位敷扑黄粉，称为
"额黄"，由于黄粉靠近头发，所以也称为"鸦黄"。

图1-40 新疆吐鲁番阿斯塔纳唐墓出土绢画局部(现藏于
新德里国立美术馆)
图片来源:新疆阿斯塔那墓屏风画《树下美人图》

　　花钿的妆饰法,自秦至隋主要流
行于宫中,唐朝以后广泛流行开来
(图1-41)。唐朝女性在额头(有时还
在眉角)使用花钿妆饰的情形非常普
遍,最为简单的花钿是一个圆点。花
钿多以金箔、色纸、鱼鳃骨、云母
片、螺钿壳、茶油花子、翠鸟羽毛等
材质剪镂成各种花样,用呵胶粘在额
头眉心位置,或贴在眼角,称为"花
钿妆"。呵胶相传是由鱼鳔做成,黏性
很好,使用时只需要呵一口气,再沾
一点口水,便可以溶解粘贴。要从脸
上卸下花钿时,可以先用热水敷,再
撕下来即可;花钿的样式以梅花最为
常见,主要是受南朝寿阳公主的影响。
此外,还有各种花卉鱼鸟形态,有的
还形如牛角、扇面、桃子,或其他各

图1-41 佚名《弈棋仕女图》局部(现藏于新疆维吾尔自
治区博物馆)
图片来源:杨建峰《中国人物画全集·上卷》,外
文出版社,2011年版第59页

种抽象的图案。从颜色来看，花钿的色彩相较额黄要更为丰富，主要分为金黄、翠绿、艳红三类；有的是保留了原材料材质的颜色，如金箔为金黄色，鱼鳃骨、云母片为白色，翠鸟羽毛为翠绿色，色纸则有各种不同的颜色等；有时也根据需要染成各种颜色，变化多彩多姿（图1-42）。

（四）眉

两汉时期纤细修长的眉型，直至隋代仍深受一般女性的喜爱。

在唐朝之前，女性画眉的

图1-42 张萱《捣练图》局部（现藏于波士顿艺术博物馆）
图片来源：杨建峰《中国人物画全集·上卷》，外文出版社，2011年版第41页

材料主要是黛，到了唐朝开始用烟墨画眉。烟墨的制造是从魏晋时代开始，用漆烟和松煤作为原料，做成的墨称为"墨丸"，主要用于写字。这种制墨技术在唐朝时有了很大发展，尤其在五代时，易水人张遇以善制墨闻名，成品墨质纯净细腻，当时宫中的女性喜爱用张遇制的墨画眉，因此该墨被称为"画眉墨"。唐朝画眉之风属历代中最盛，各种眉型纷纷出现，争奇斗艳。从唐人画册及考古资料看，唐朝流行的眉式先后有十五六种甚至更多，画眉材料以烟及烟墨为主，并尽可能画得浓黑（图1-43～图1-45）。

唐朝画眉之风的盛行，与帝王及士大夫的偏爱有一定的关系。依据史籍记载，唐明皇有"眉癖"的嗜好，他在安史之乱逃难蜀中时，命令画工画"十眉图"，作为修眉样式的参考。这十眉分别是：鸳鸯眉（八字眉）、小山眉（远山眉）、五岳眉、三峰眉、垂珠眉、却月眉（月棱眉）、分梢眉、涵烟眉、拂云眉（横烟眉）、倒晕眉。这些式样到五代仍然盛行。

从眉型的演变过程看，唐初流行又浓又阔又长的眉型，画法不一，有的尖头阔尾，有的两头细锐，有的眉头相聚，有的眉尾分梢。到了开元、天宝年间，流行纤细而修长的眉型，如柳叶眉、却月眉。柳叶眉又叫柳眉，眉头尖细，眉腰宽厚，眉梢细长，秀丽如柳叶而得名；却月眉又叫月棱眉，比柳叶眉略宽，两头尖锐，形状弯曲如一轮新月，因妩媚秀美而闻名。大约从盛唐末期开始流行短阔眉，中晚唐时

图1-43｜盛唐莫高窟130窟南壁《都督夫人太原王氏礼佛图》局部（佚名，段文杰摹）
图片来源：敦煌研究院《敦煌石窟全集·24·服饰画卷》，商务印书馆（香港），2005年版第122页

图1-44｜吐鲁番阿斯塔纳古墓群出土绢画局部

图1-45｜佚名《仕女图》局部（现藏于新疆维吾尔自治区博物馆）
图片来源：杨建峰《中国人物画全集·上卷》，外文出版社，2011年版第60页

更为明显。诗句"桂叶双眉久不描"中的桂叶便是指这种短阔眉。在元和、长庆年间，眉型除了粗短之外，还被画得低斜如八字，也就是八字眉，样式和汉魏六朝不大一样，不仅更为宽阔，而且相当弯曲，眉型倒竖头高低尾的情形更为明显，更接近"八"字的形状。当时无论在宫中还是民间，八字眉都受到了妇女的普遍欢迎，八字眉配上以乌膏涂唇的化妆方式，便是"啼眉妆"。

一般而言，唐朝女性的眉型虽然普遍偏好浓艳，但不弃清雅，偶尔也画淡眉，以虢（guó）国夫人为代表，以天生的清秀丽质取胜。

（五）唇

唐朝是历代中点唇样式最丰富的朝代。在唐朝末年，有名称的点唇样式有：石榴娇、大红春、小红春、半边娇、万金红、内家圆、天宫巧、淡红心、猩猩晕、眉花奴、露珠儿、小朱龙等。

从颜色上看，除了使用朱砂、胭脂本身的色调去表现唇色的浓淡外，唐朝女性还喜用檀色。例如，诗句中"黛眉印在微微绿，檀口消来薄薄红""故着胭脂轻轻染，淡施檀色注歌唇"。

点唇的口脂发展到此时也有了一定的形状。唐《莺莺传》中崔莺莺收到张生从京城寄来的妆饰用品，回信时提到"兼惠花胜一合，口脂五寸，致耀首膏唇之饰"。由此可见，当时的口脂是一种管状的物体，和现代的口红类似。

唐朝除了女性使用口脂外，男子也有使用口脂的习惯，只是男子使用的口脂一般没有颜色，是一种透明的防裂唇膏。妇女所用的口脂则含有颜色，具有较强的覆盖功能，以改变嘴型，起到妆饰的作用；嘴唇厚的可以画成薄状，嘴唇小的可以绘成宽状，点唇的艺术美感由此产生。

第五节 | 宋朝

一、历史背景

唐朝灭亡以后，经过五代十国的分裂局面，公元960年，赵匡胤建立宋朝，结束了国家长期战乱的局面，使中国重新统一。但宋代已远不及汉、唐时期疆域辽阔，国势强盛。

宋朝建立后，经济持续繁荣，当时尤以汴京（开封）最为繁荣。酒楼、茶坊、各种店铺在城市中随处可见，其中与衣冠妆饰有关的行业便达数十种。

宋朝时，儒家的仁爱、佛家的慈悲、道家的自然三大思想逐步融合，发展成一种研究心性与义理的学说，称为"理学"。"理学"思想主张"发挥理性""克制物欲"，强调"去人欲，存天理"，致使社会风气趋于保守、传统，更为注重礼教思想；相应地，社会对于女性行为规范的约束也日渐增强。

二、化妆特色

美学思想发展到宋朝时，在绘画诗文方面力求有韵，用简单平淡的形式表现绮丽丰富的内容，造成一种回荡无穷的韵味。这种美学意识反映在女性的妆饰上，表现为明显摒弃了浓艳妆饰，崇尚淡雅的风格，倾向淡雅幽柔。

大致而言，宋代风气比较拘谨保守，服饰妆扮趋向朴实自然，式样与色彩不如前朝富于变化。虽然宋朝也流行梳大髻、插大梳的盛妆，但就整体而言，不像唐朝时华丽盛大；面部的妆扮虽然也有变化，又不像唐朝时浓艳鲜丽。宋代妇女的整体造型给人清新、自然的感觉（图1-46）。

三、发式

（一）女子发式

宋代女性的发式承袭前代遗风，但也有其独特的风格，大致可分为高髻、低髻两大类型。高髻为贵妇所梳，低髻为平民妇女所梳。

"朝天髻"是当时典型的发髻之一，也是沿袭前代的高髻，需要用假发掺杂

假发（图1-47）。在大都市中，妇
女的发髻以高大为美，因此假发
的辅助必不可少，所以在当时出
现了专门卖假发的店铺。"同心
髻"也是比较典型的发髻之一，
与"朝天髻"类似，制作比较简
单，梳时将头发向上梳至头顶部
位，挽成一个圆形的发髻。北宋
后期，妇女们除了仿效契丹族衣
装外，还流行束发垂胸的女真族
妇女发式，这种打扮称为"女真
妆"，最初流行于宫中，后遍及全
国；同时，还有与"同心髻"类
似的发式，不同于在发髻根处系
扎丝带，丝带垂下如流苏的"流
苏髻"；此外，曾流行于汉、唐时
代，到宋朝仍受妇女欢迎的"堕
马髻"；教坊中女伎于宴月时所梳
的"懒梳髻"；"包髻"是在发髻
梳成后，用有色的绢、缯之类的
布帛将发髻包裹起来；"垂肩髻"
就是指发髻垂肩，属于低髻的一
种。而"丫髻""双鬟""螺髻"
都是尚未出嫁的少女所梳。

　　女性发髻装饰大多沿袭唐代，
但也有许多特色，名目繁多，如飞
鸾走凤、七宝珠翠、花朵冠梳等。
饰品常以金、银、珠、翠等制成各
种花、鸟、凤、蝶形状的簪、钗、
梳、篦，插在发髻上作为装饰。发
饰视个人的经济条件而定，有的制
作比较繁复、华丽，有的制作比较
简单（图1-48～图1-51）。

图1-46　刘宗古《瑶台步月图》团扇（现藏于故宫博物院）
　　图片来源：杨建峰《中国人物画全集·上卷》，外文出
版社，2011年版第146页

图1-47　山西太原圣母殿彩塑宫女局部
　　图片来源：晋祠博物馆《中国晋祠》，山西人民出版
社，2005年版第176页

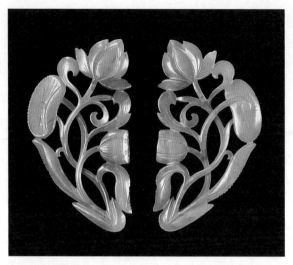

图1-48 | 莲形簪首
图片来源:中国国家博物馆官网资料图,现藏于中国国家博
物馆

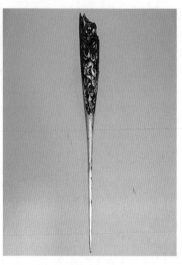

图1-49 | 螭龙纹金簪
图片来源:常州博物馆官网资料
图,现藏于常州博物馆

图1-50 | 金簪
图片来源:江阴博物馆官网
资料图,现藏于江阴博物馆

图1-51 | 鎏金花卉纹银簪面
图片来源:江阴博物馆官网资料图,现藏于江阴博物馆

发髻上的插梳装饰习惯由来已久,唐朝时插梳数量增加。宋朝时虽然插梳的数量减少,但梳子的体积却日渐增大。宋仁宗时,宫中流行的白角梳一般都在一尺以上,发髻也有高达三尺之长。宋仁宗反感这种奢靡的风气,下诏规定不论宫内宫外插梳长度不得超过四寸(一米=三十寸)。

珍珠装饰在宋朝也备受重视,宫廷以缀饰珠宝的多寡来定尊卑。皇后的冠上饰有大小珠花二十四,并缀金龙翠凤,称为"龙凤冠"(图1-52),而一般的命妇只能戴饰珠花数目不等的"花钗冠"。

图1-52 | 佚名《宋仁宗皇后像》局部（现藏于台北故宫博物院）
图片来源：杨建峰《中国人物画全集·上卷》，外文出版社，2011年版第112页

　　除装饰珍珠头饰之外，宋代女性也常在发髻上装饰彩带，在发髻上簪插花朵在宋朝极为盛行，女性们会结合时令在发髻上插不同的花朵，此种风气使鲜花价格大涨，于是假花装饰应运而生。唐高宗时，女性外出骑马多戴帷帽遮蔽容貌，兼有装饰的效果。到了宋朝，女性外出仍戴帷帽，也有戴纱罗制作的"盖头"。女性在头上扎巾的习俗大约形成于汉末，至宋代更为流行。扎巾的方式千变万化，有自后向前系扎、有缠绕在额间头上、也有用巾子将头发全部裹住。

（二）男子发式

　　宋代除了女性、乐工、舞伎常在发髻间插饰花朵或戴花冠外，男子们在赏花饮酒之余也会摘花朵插饰头部。簪花在宋代不仅继续作为一种民俗现象而存在，而且逐渐演变成一种礼仪制度。宋人在郊祀、明堂礼毕回銮（luán）、恭谢礼、圣节大宴、巡幸驾回、立春入贺、贡士喜宴以及新科进士闻喜宴等场合行簪戴礼仪。簪花的时间或是在庆典之前，或是在宴庆进行中赐花而簪，或是在礼毕后才赐花簪戴回家。庆典中的君臣、百僚扈从、禁卫或吏卒，不论尊卑都有簪戴的机会。杨

图1-53 | 佚名《田畯醉归图页》局部（现藏于故宫博物院）
图片来源：杨建峰《中国人物画全集·上卷》，外文出版社，2011年版第159页

图1-54 | 佚名《宋度宗后坐像》局部（现藏于台北故宫博物院）
图片来源：百度百科全皇后词条

万里的诗"春色何须羯鼓催，君王元日领春回。牡丹芍药蔷薇朵，都向千官头上开。"描绘了男子簪花的习俗与制度，这也是宋代妆饰的时代特色（图1-53）。

四、面部化妆

虽然宋代女性的妆扮清新、雅致、自然，但是擦白、抹红还是脸部妆扮的基本要素，红妆仍是宋代妇女不可或缺的一部分。

此时期，女性的眉毛样式虽然不如唐朝丰富，但也产生了一些变化。《清异录》曾记载当时有位名叫"莹姐"的美妓很会画眉毛，每天都画不同的眉式，总共发明了近一百种，其追求美的狂热举动令人惊讶。

相关文献对宋度宗皇后全氏面貌的描写中，可以发现其广额、长眉、凤眼的面貌特征是宋代帝后最典型的脸部造型特点（图1-54）。眉画成又浓、又宽、又长，略微弯曲如宽阔的月形，并且在双眉末端以晕染的手法由深渐浅向外散开，直至黑色消失。

这种画法即"倒晕眉"。倒晕眉、横烟眉、却月眉这三种眉式均出自唐朝，所以宋朝妇女的眉式大致承唐及五代的余风，只是渐趋清秀。此外，还可以看到鸳鸯眉的式样，这种眉式有如"八"字。又如远山眉，自汉经历魏晋南北朝、隋唐五代至宋朝仍然流行。

宋朝女性画眉不用黛而用墨，画眉的方法仍承袭以往方式，即先除去原来的眉毛，再用墨画上想要的眉型，宋时已可以利用筐等工具辅助画眉。

花钿妆在宋代仍然深受女性喜欢，至太宗淳化年间，花样更多。当时在京师里，女性们用黑光纸剪成团靥作装饰；还有用鱼鳃骨贴饰，这种方法称为"鱼媚子"；贵妇们在额部、眉间及面颊上贴饰珍珠，称为"珍珠花钿妆"（图1-55）。

与此同时，宋朝女性还保留了唐朝五代以来西北地区少数民族在眼部下方绘图案的妆饰法，但应用不普遍，仅在部分地区出现。

宋代女性比较特别的装饰是穿耳孔、戴耳饰，这本是少数民族的一种风俗，最初用意是借以提醒女子时时注意自己的言行举止，进而约束女子的行为规范，后来汉人效仿此种习俗，并融入女性生活之中。唐朝时，由于思想开放，所以不再时兴穿耳，而宋代社会风气转向保守，注重礼教思想，

图1-55 | 佚名《宋钦宗朱皇后》局部（现藏于台北故宫博物院）
图片来源：百度百科朱皇后词条

妇女穿耳的习俗又流行回来。考古资料和出土的耳环饰物，印证了宋朝妇女戴耳饰的风气（如图1-56～图1-58）。

图1-56 | 金菊花耳环
图片来源：艾尔米塔什博物馆资料图，现藏于艾尔米塔什博物馆藏

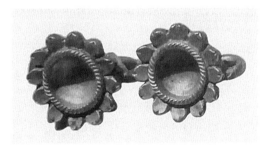

图1-57 | 金菊花耳环（哈尔滨新香坊金墓出土）
图片来源：扬之水《中国古代金银首饰·卷一》，故宫出版社，2014年版第296页

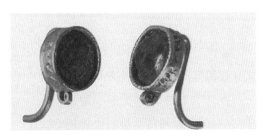

图1-58 | 金镶宝耳环（黑龙江绥滨中兴古城金墓出土）
图片来源：扬之水《中国古代金银首饰·卷一》，故宫出版社，2014版第296页

第六节 │ 辽金元朝

一、历史背景

辽、金、元虽然都是北方边疆游牧民族入主中原，但由于长期的"胡汉文化"交融，处处可见彼此相互影响的痕迹。元朝疆域辽阔，鼎盛时期国界东起太平洋西岸，北至西伯利亚，南至印度洋，西到多瑙河、地中海，已跨越欧亚二洲，对外贸易及航运非常发达。蒙古族以边疆民族身份入主中原，对儒术十分轻视，并且社会制度含有民族歧视意味，汉民族传统文化受到影响与破坏。

二、化妆特色

契丹、女真、蒙古皆为边疆游牧民族，在入主中原之前，长期转居于边塞，服饰妆扮较为简朴，直到逐渐汉化后，才开始讲究搭配与装饰。

三、发式

（一）辽代发式

辽代妇女的发髻样式非常简单，一般梳高髻、双髻或螺髻，也有少数作披发式样。另外，女性还特别注重额发的修饰。赵德钧墓中壁画女性"三尖巧额"的额发式样，是当时北方地区流行的一种额饰。

辽代妇女善于运用巾子来作发饰，式样有相当多的变化，有的以巾带扎裹于额间作为装饰，也就是所谓的"勒子"；有的在额间结一块帕巾；还有的用巾子将头发包裹住等（图1-59）。还有一种称为"玉逍遥"的发饰，通常

图1-59 河北省宣化下八里10号辽代张匡正墓《备茶图》局部

图片来源：徐光冀《中国出土壁画全集·河北卷》，科学出版社，2011年版第143页

是年老妇人喜欢的发式，先以皂纱笼住发髻，就像扎裹巾子一般，再在皂纱之上散缀玉钿。金代年老的妇女也沿袭了这种装饰法。还有一种形制如"覆杯"式样的圆顶小帽，还有喜欢戴冠子的；此外，女性还流行以彩色缎带系扎头发。辽代男子多为髡（kūn）发，发式是剃光颅顶，额前及耳畔垂散发，也有少数结辫的现象（图1-60）。

（二）金代发式

根据《大金国志》记载，金代的妇女和男子一般都留辫发，男子辫发垂肩，女子辫发盘髻，稍有不同。女真族妇女不戴冠子，倒是常戴羔皮帽。一般妇女除了裹头巾，还有以薄薄的青纱盖在头上露出脸部，属于"盖头"的一种，这是早期女真族妇女的一种头饰，金人不论男女都用彩色丝带系饰发髻。

（三）元代发式

元代妇女一般仍保留梳高髻的风俗。"云绾盘龙一把丝"中的"盘龙"就是一种高髻，也称"龙盘髻"。"椎髻"是贵族与平民女性都常梳的发髻；"包髻"的式样在元代仍可看到；"银锭式"的发髻式样是晚唐以来侍女常梳的发式，到元代时仍可看到。此外、双丫髻、双垂髻、双垂鬟、双垂辫多为年轻少女或侍女所梳的发式（图1-61）。

图1-60 | 敖汉旗喇嘛沟辽墓《备猎图》
图片来源：敖汉旗史前博物馆官网资料图

图1-61 | 任仁发《汉宫春晓图》局部
图片来源：上海国拍中国书画专场

妇女扎巾的习俗，从汉末一直流行至元代。元代时扎额子的一般多为平民妇女，贵族女性很少这样妆扮，一般女性扎额子时通常用一块帕巾，折成条状，围绕额头一圈，再系结于额前。曾经流行于盛唐裹在额上的饰物"透额罗"至元代时称为"渔婆勒子"，不但可以固定发型，而且具有御寒的功能。

在蒙古族妇女的头饰中，最贵重、最具特色的冠饰是"罟（gǔ）罟冠"，也可以写作"顾姑""固姑""姑姑"等，"罟罟冠"是蒙古族贵妇特有的礼冠，只有拥有爵位的贵妇才可佩戴（图1-62）。

男子发式留前发及两侧发，其余皆剃光，两侧头发结成发辫并挽成辫环且环数不一，有挽成一环的，也有挽成三或四环的，前额垂发则多为桃子式一小撮（图1-63）。

图1-62 佚名《元世祖后像》（现藏于台北故宫博物院）
图片来源：杨建峰《中国人物画全集·上卷》，外文出版社，2011年版第195页

图1-63 佚名《元世祖像》（现藏于台北故宫博物院）
图片来源：杨建峰《中国人物画全集·上卷》，外文出版社，2011年版第195页

四、面部化妆

辽代女性在面部妆扮方面最大的特色是以金色的黄粉涂在脸上，这种装扮称为"佛妆"，其由来与佛教有关，原型为汉代的"额黄"，至南北朝时期受到佛教的影响而发展起来，辽代时延续了这种妆饰习惯。与此同时，金代女性也有在眉心装饰花钿作"花钿妆"的妆扮习惯（图1-64）。

蒙古族妇女也喜欢用黄粉涂在额部，有的在额间点上一颗美人痣，这也与佛教有关。当时人人以此为美，认为可增加媚态，于是"额黄"便成为妇女面部妆扮中的一种常用的方式。眉式方面，女性多画成"一"字眉式，不仅细长，而且整齐如一直线，配上小嘴型，看起来端庄、简洁（图1-65、图1-66）。整体来看，元代女性的妆扮在顺帝前后有较明显的差异，前期女性崇尚华丽之风，之后妆容风气转为清淡、朴素，有的甚至不化妆、不擦粉，此种现象也反映出当时社会经济、政治等方面的衰弱不振。

图1-64 | 佚名《梅花仕女图》局部（现藏于台北故宫博物院）
图片来源：故宫博物院《故宫书画图录·第五册》，1989年版第201-202页

图1-65 | 佚名《元宁宗答里也忒迷失皇后坐像》（现藏于台北故宫博物院）
图片来源：林莉娜、许文美《南薰殿历代帝后像·上》，台北故宫博物院2020年出版

图1-66 | 佚名《元明宗八不沙皇后坐像》（现藏于台北故宫博物院）
图片来源：林莉娜、许文美《南薰殿历代帝后像·上》，台北故宫博物院2020年出版

第七节 | 明朝

一、历史背景

1368年，朱元璋称帝，国号为明，建元洪武。洪武十四年，平定了在云南元朝的剩余势力，中国复归统一。明太祖即位后，废弃了元朝时制定的服饰制度，上采汉唐之制，极力恢复汉族的各种礼俗，禁止辫发椎髻，士民仍行束发。

自明太祖开国到成祖在位，明朝国势强盛，成祖之后的宣宗、英宗尚能保持，但此后由于宦官乱政及倭寇侵扰，国势日衰。明思宗崇祯十七年（1644年），吴三桂开山海关引清兵进北京剿李自成，事后清兵入主中原。明朝自明太祖开国至思宗自缢身亡历时227年，为明朝统一的时局。

二、化妆特色

明朝前、中期，国家强盛、经济繁荣，国家经历了由南京为唯一政治中心，到北京与南京双中心的政治格局。明代的经济中心长时间处在农、商繁荣的长江下游地带，因此南方的服饰审美影响着全国其他地域，女性们将经济富庶的秦淮、曲中的女性妆扮视为效仿对象（图1-67）。

明中后期以后，随着国势日渐衰退，经济凋敝，海上贸易常被倭寇侵扰，政府取消了市舶司，海上商业停顿。到了末期，经济更加困顿，女性的服饰妆扮变化有限；与此同时，宋元以来，崇尚女性裹脚为美的劣习仍在明朝延续，女性受到了种种的压抑及摧残（图1-68）。

三、发式

明朝女性的发髻式样，起初基本保留了宋元时期的式样，但是发髻的高度下降了不少。

世宗嘉靖以后，女性的发式变化开始繁多，穆宗时，很多女性喜欢将发髻梳成扁圆形状，并在发髻顶部簪饰宝石制的花朵，称为"桃花髻"。为配合这种发型，年轻的女性还戴缀了团花方块的头箍。这之后，女性又流行将发髻梳高，以金银丝挽结，还有像男子戴的纱帽，只是发髻顶上缀有珠翠。一段时间内，

图1-67 | 仇英《人物故事图》局部（现藏于故宫博物院）
图片来源：杨建峰《中国人物画全集·下卷》，外文出版社，2011年版第256页

女性群体还曾时兴比较清雅的"桃花顶髻"和"鹅胆心髻"，发式趋向长圆，不佩戴任何发饰。

明朝女性也梳模仿汉朝的"堕马髻"但有所区别，明朝堕马髻呈后垂状，梳时将头发全往后梳，在脑后挽成一个大髻，在当时属于较华丽的妆扮。

明朝妇女也多用假发，并以金丝、银丝、马尾、纱等材料做成的"丫髻""云髻"等形式的假髻，戴在真发上；还有一种假髻称为"鬏（dí）髻"，它是一种编织发罩，通常以金银丝或马鬃、头发、篾丝等材料编成，其上还会覆盖黑纱，与鬏髻相配的还有各式首饰，明代也称为"头面"（图1-69），佩戴时罩于头顶发髻之上，能够使发髻周正稳定，鬏髻最常见的是尖锥状（图1-70）。时至明末，假髻的式样逐渐增多，在一些首饰铺里可以买到

图1-68 | 唐寅《王蜀宫妓图》局部（现藏于故宫博物院）
图片来源：杨建峰《中国人物画全集·下卷》，外文出版社，2011年版第248页

现成的假髻，如"罗汉鬏""懒梳头""双飞燕""到枕松"等。

图1-69 ｜ 黑绉纱银丝鬏髻与金头面
图片来源：现藏于金坛博物馆

图1-70 ｜ 倪仁吉《吴氏先祖容像》之一
图片来源：现藏于浙江义乌博物馆

此外，还有包髻、尖髻、圆髻、平髻、双螺髻、垂髻等，还可以运用头箍发展出许多变化，女性的发髻式样时时翻新（图1-71）。

图1-71 ｜ 仇英《汉宫春晓图》局部
图片来源：台北故宫博物院官网资料图，现藏于台北故宫博物院

关于头饰，明朝女性多流行包头的装束，是以绫纱罗帕裹在头上，属于发髻扎巾一类的装饰法。所用的巾帕称作"额帕"或"额子"，起初制作比较简单，后来

图1-72 | 上海打浦桥明顾定芳夫妇墓出土珠子箍
图片来源：张红娟《珠绣艺术设计》，清华大学出版社，2018年版第13页

注重式样的剪裁，发展成为一种装饰大于实用的"头箍"（图1-72、图1-73）。不论是贵族妇女还是平民妇女都普遍戴用，尤其是江南地区的妇女，向来为流行妆扮的先驱，头箍一时蔚为风气，成为明朝妇女发饰的一大特色。

与头箍类似的另一种额饰是"遮眉勒"，其从唐朝的"透额罗"演变而来，明朝时仍有人戴用。此外，女性还喜欢用鲜花插饰于发髻上，特别是"素馨"即茉莉花。盛行于宋朝的发髻插梳的妆饰法，元朝以后逐渐减少，明清时期虽仍有人插梳，但并不多见。

随着手工业的发展，明朝女性发饰的制作技巧比过往更为精细、优良，不但保

图1-73 | 佚名《李氏夫人遗像》
图片来源：柯律格《大明·明代中国的视觉文化与物质文化》，黄小峰译，生活·读书·新知三联书店，2019年版第105页

有唐宋以来传统的制作工艺，还有自西方传入的烧制珐琅新法，在饰物的造型设计上更为复杂、精致，富有特色。

四、面部化妆

整体来看，明朝女性的面部妆扮虽然仍为涂脂抹粉的红妆，但不似前几个朝代女性妆扮的华丽及变化，而偏向秀美、清丽的造型；眉毛纤细略为弯曲，眼睛细小，嘴唇薄，脸上素白洁净，没有大、小花子的妆饰，清秀的脸庞越发显得纤细优雅，别有一番韵味（图1-74）。

当时人们欣赏女性外在美的标准是"鸡卵脸、柳叶眉、鲤鱼嘴、葱管鼻"。虽

然明朝时期女性的审美观点一般是推崇秀美、端庄的类型，但也有特别爱俏的女性，她们以翠羽做成"珠凤""梅花""楼台"等形状的花子，贴在两眉之间，以增艳丽，当时称为"眉间俏"，也就是旧时花子的妆饰法。

图1-74 | 仇英《人物故事图》局部（现藏于故宫博物院）
图片来源：杨建峰《中国人物画全集·下卷》，外文出版社，2011年版第256页

第八节 | 清朝

一、历史背景

　　清朝入关之初，采用"以汉制汉"的怀柔政策，利用明朝降将统领各省。直到反清势力整个平定，统治权确立，才不再使用怀柔政策。

　　清圣祖康熙是一位明君，在位61年，勤政爱民，关心民间疾苦，奖励学术，内政修明；世宗雍正知人善任，用人唯才，对财政的管理最著；高宗乾隆起用山林隐士，转变社会势利的风气，同时轻徭薄赋，休养生息。清初从康熙至乾隆是太平盛世时期，尤其乾隆期间，是清朝强盛到极点之时，直至乾隆晚年开始渐趋荒驰。

　　清朝中叶，吏治败坏，百姓穷困，内乱与外患交迫。

　　清代末年，即19世纪后期，鸦片战争、英法战争、甲午战争等事件严重打击了清政府，也暴露出了清廷的怯弱无能。面对这样的国难，康有为、梁启超倡导维新改革，但受到了慈禧太后的阻挠，不过百余日便宣告失败。此后，孙中山先生历经多次革命，建立"中华民国"，推翻了清政府。

二、化妆特色

　　清朝为女真族的后裔，在衣冠服饰各方面仍保留女真族的习惯。顺治元年，清兵入关后，强迫其统治下的汉族遵照满族习俗，剃发易服，但遭到了各地人民的反对，由于当时大势未定，为笼络民心，允许汉族保持服饰传统。顺治三年，清军攻下江南，大势已定，于是厉行剃发易服政策。清政府残酷的做法自然引起汉族及其他少数民族的强烈抗争，最后清廷略作让步，接纳了明朝遗臣金之俊的"十不从"建议，保留了部分汉族传统习俗。而宫廷中的妇女作满族妆扮（图1-75）。

　　清朝中期以后，满族女性和汉族女性之间的妆饰界限渐淡，且相互仿效，虽然遭到了当政者的干涉，但相互模仿的风气有增无减，发展到后期交流更密，彼此融合。

　　整体而言，明清以来，对女性的礼教约束很严，统治阶级提倡"节妇烈女"，要求妇女"行步稳重，低首向前""外检束，内静修"，由于妇女受到了限制，在妆饰方面就没有突出的表现。

图1-75 | 佚名《清人画颙琰万寿图像轴》局部
图片来源：故宫博物院官网资料图，现藏于故宫博物院

三、发式

（一）女子发式

清朝女性发式有满式和汉式两种，初时还各自保留原有的传统，后期相互交流影响，逐渐融合变化。

普通满族女性多梳"旗头"，这是一种横长形的髻式，是满族女性最常梳盘的发型。梳两把头、穿长袍、着高底鞋，塑造满族女性身型格外修长的形象，清后期成为宫中女性的正式着装。

旗头的髻式是将长长的头发由前向后梳，再分成两股向上盘绕在一根"扁方"上，形成横长如一字形的发髻，因此称为"一字头""两把头"（图1-76）或"把儿头"，又由于是在发髻中插以如架子般的支撑物，所以也称为"架子头"。

"如意头"与"一字头"大致属于同一类型的髻式，但形上稍有差异。如意头

图1-76 | 佚名《玫贵妃春贵人行乐图》局部
图片来源：故宫博物院官网资料图，现藏于故宫博物院

的形状像一把如意，略为弯曲地横在头顶后，不像一字头那般平整。

"一字头"的发式逐渐增高，到了清代末期发展成了一种高大如牌楼似的固定装饰物，不用真发，而是以绸缎之类的材料做成；在这种高大的假髻上面插饰花朵，成为固定的装饰物，使用时只需要戴在头上就可以了。这种发式即所谓的"大拉翅"（图1-77），大致成熟于晚清同治、光绪时期。

图1-77 | 大拉翅格格帽
图片来源：徐州圣旨博物馆官网资料图，现藏于徐州圣旨博物馆

清朝一般汉族女性的发型多沿用明朝的式样，以苏州、上海、扬州一带率先流行。当时较为典型的发式有"牡丹头""荷花头""钵盂头""松鬓扁髻"等。"牡丹头"常见于苏州地区，因体积庞大，需借助假发的衬垫，才能做出盛大的造型，并配合蓬松且光润的鬓发，以显出牡丹般的富态（图1-78），此发式流行广泛，后来流传到北方地区。"荷花头"造型类似盛开的花朵，"钵盂头"的形式类似于倒扣的钵盂，这一类的发型大同小异，都是做成高且大的发髻，两鬓掩颧状，还拖着双绺发尾，独具风格，极富夸张效果。

除此之外，清初一般汉族女性还流行梳"杭州攒"发式，即将头发梳在头顶挽成螺旋式；也有仿效汉朝"堕马髻"的发式，将头发作倒垂的姿态；在扬州一带还流行过许多假发制成的髻式，如"懒梳头""罗汉鬏""八面观音""蝴蝶望月""双飞燕"等。

清朝中期，苏州地区曾流行过"元宝头"，这种叠发高盘的髻式仍然属于高髻；

后来发髻逐渐发生了变化，由高髻变成平髻，发髻的高度降低，同时发髻的盘叠也有所变化。北方人称为"平三套"，南方人则称为"平头"，此种发髻多用真发制作，无明显的年龄限制，老少皆宜。到此时，高髻就渐渐衰微了。

随着高髻的过时，取而代之的是平髻与长髻。长髻多流行于江南地区，梳拖在脑后，其他地区也相继模仿，成为一种风潮。至光绪年间，女性在脑后挽结成一个圆髻或加细线网结发髻的发型，成为普遍的梳法。年轻的女孩在额旁挽成一螺髻，因为像蚌中的圆珠，所以称为"蚌珠头"，也有梳成一左一右两个螺髻的；至清末年间，梳辫逐

图1-78　禹之鼎《乔元之三好图》局部（现藏于南京市博物馆）
图片来源：杨建峰《中国人物画全集·下卷》，外文出版社，2011年版第308页

渐流行，最初大多是少女梳辫，后来慢慢成为一般女性的普遍发型。

在额前蓄留短发也是这个时期女性发式的一大特色，称为"前刘海"。本来属于较年轻女孩的打扮，后来不再限于年轻女孩，成为一种颇流行的发式，式样也丰富起来，有"平剪如横抹一线""微作弧形""如垂丝""如排须""似初月弯形"等特点；初时极短，后来越留越长，甚至有了覆盖半个额头的刘海。宣统年间，有将额发与鬓发相合，垂于额两旁鬓发处，如燕子的两尾分叉，北方人称为"美人髦（máo）"。

发饰方面，满族女性在旗头上插满各式各样的簪、钗或步摇（图1-79、图1-80），使旗头显得非常华丽。质地、制作技术的精细程度往往与使用者的身份地位、经济能力有着密切的关联。旗头上多嵌饰各种珠玉、宝石、点翠，西方制作玻璃品的方法传入后，玻璃质的饰品逐渐出现其中。一般汉族女性的发饰多沿袭旧俗，清初时期汉族女性，尤其在京师的女性，发髻上的装饰物相较之前更加华丽。

清朝时，女性们在发髻上簪花的风气仍然盛行（图1-81）。清朝末期，女性们又好珠花，用金、玉、宝石、珊瑚、翠鸟羽毛等制成，以此装饰发髻，增添艳丽。

宋元时期的"遮眉勒"至清朝仍是女性额间的妆饰，称为"勒子"或"勒条"，有的还在正中部位钉一粒珠子；"勒子"不仅为南方民间女子佩戴，宫廷的贵妇也

图1-79 | 金镶宝石蜻蜓簪
　　　图片来源：故宫博物院官网资料图，现藏于故宫博物院

图1-80 | 镶宝石碧玺花簪
　　　图片来源：故宫博物院官网资料图，现藏于故宫博物院

图1-81 | 佚名《仕女簪花图》局部
　　　图片来源：故宫博物院官网资料图，现藏于故宫博物院

图1-82 | 清佚名《十二美人图》局部
　　　图片来源：故宫博物院官网资料图，现藏于故宫博物院

爱戴用，但是式样及质料要更华丽和考究。北方地区天寒地冻，女性常用貂鼠、水獭等珍贵动物的毛皮制成额巾扎在额上，既保暖又起到装饰的作用，称为"貂覆额"，又称"卧兔儿""昭君套"（图1-82）。

清代年老的女性常在脑后戴一种用硬纸及绸缎做的"冠子"来固定发型，也有不戴冠子，仅用黑色纱网罩住发髻，这种纱网罩住发髻的方法一直沿用至今。

（二）男子发式

清代满族前身为女真族（清朝时自称后金），女真族男子发式为前髡头、后辫发的发式，只是当时辫发多为双辫，清朝时则合为一条大辫。

清末，男子的辫子大体上可以分官派与土派。

1. 官派辫子

清廷的大小官员，尤其是文官，以及尊孔读经的儒生学士、文人墨客，作风比较文雅、规矩，多留"官派辫子"，也叫"文派辫子"。头上的"辫顶"一般年轻人留得大些，老年人留得小些。最大的辫顶，旁边留的头发不过辫顶的三分之一，辫根不扎绳，编得不松不紧，后垂辫穗与臀部相齐，辫顶四周一圈短发，长半寸左右，也有不留短发的。这种发辫梳好后，讲究戴上官帽（图1-83）或瓜皮小帽，不能有辫顶露在帽外，也不许把帽子支起来。留这类辫子的，多半穿两截褂，脚下是福字履，显得规矩、斯文。

图1-83　砗磲顶皮吉服冠
图片来源：故宫博物院官网资料图，现藏于故宫博物院

2. 土派辫子

一些不务正业的"花花公子"或以"耍人儿"为生的痞子，多是留"土派辫子"，也称"匪派辫子"。这类辫子又分为文派和武派。

文派多是大辫顶，周围短发一寸（一寸≈3.33厘米）长，辫根松散，疏疏落落，辫根很长，用加大的辫穗和灯笼棉或蛇皮棉的辫帘子续着，后垂辫穗直垂过腿窝。其中个别还梳"五股三编"的辫子，续着五个辫帘子，透着匪气。清末民国初，有些年轻女子也梳过这种文派辫子。

武派辫子就更加匪气。这种发式是小辫顶，不续辫帘子，也不留辫穗。辫子编得又紧又硬，有时在头发中间续些铁丝，使辫子更硬梆；辫梢不用绳扎，而是用布

图1-84 佚名《梅竹仕女图》扇页局部
图片来源：故宫博物院官网资料图，现藏于故宫博物院

图1-85 佚名《慈禧太后便服像》局部
图片来源：故宫博物院官网资料图，现藏于故宫博物院

条捻起来扎着；辫长一尺左右，辫梢向上撅起，当时人称"蝎子尾巴小辫"，受到了社会舆论的谴责，甚至被官厅严令取缔，但是屡禁不止。

男子在梳辫时，扎辫的丝绳被称为"辫穗子"，颜色多以红、黑为主，通常扎在辫子末梢，两端作流苏下垂。八旗子弟还用金、银、珠宝等珍品制成各种式样别致的小坠角儿，系在辫梢之上，随辫摆动，格外美观。

四、面部化妆

明清时期女性一般崇尚秀美、清丽的形象，清朝女性的眉式也像明朝女性一样纤细而弯曲，从清帝后图像与各种仕女图中可以看到，女性皆面庞秀美、弯曲细眉、细眼、薄小嘴唇（图1-84）。

虽然在当时，一般女性多崇尚秀美的妆扮，但是到了清后期同治、光绪年间，一些特殊阶层女性流行作满族盛装打扮，脸部也作浓妆，即"面额涂脂粉，眉加重黛，两颊圆点两饼胭脂"，到了这个时期，人们的审美观点及妆扮形态有了很大的转变。

尽管皇室三令五申禁止满族女性模仿汉族女性的服饰及妆扮，但终究压抑不了多数女性争奇斗艳的心理，尤其在慈禧太后当权后，服饰、妆扮、生活起居等方面都极尽奢华（图1-85）。据记载，慈禧太后十分注重个人保养，生活作息习惯也都配合美容养颜的原则，如定时定量服用珍珠粉，宫内还有专人为她研制提炼天然原料的保养品和美容品。除了每天做脸及全身的保养外，几乎在所有食物中添加有益皮肤、养颜美容的成分。慈禧太后酷爱装扮，即便是常服，也是质地极好、装饰华丽的缎袍。发式多梳两把头，发髻上满饰珠宝翡翠，左、右手各戴一只玉镯子，留着长长的指甲，还戴着保护指甲的指甲套（图1-86），指头上戴金护指、玉护指及宝石戒指，其奢华程度可见一斑。

女性好施浓妆的风气到了清朝末年有所改变。由于女子受教育之风兴起，青年学生纷纷摒弃红妆，改崇尚淡妆雅服，甚至不施脂粉，改变了原来浓妆的风气，使盛行了两千多年的红妆习俗就此告一段落。

图1-86 | 金錾古钱纹指甲套
图片来源：故宫博物院官网资料图，现藏于故宫博物院

总 结

1. 秦汉时期，随着社会经济的发展和人们审美意识的提高，出现了诸如"八字眉""远山眉""慵来妆""啼妆"等不同妆容，并且化妆用具逐渐丰富。

2. 魏晋南北朝时期，妆发呈现出潇洒坦荡、超然脱俗的形态与风格。

3. 国力强盛，社会开放，多元文化的融合，是隋唐时期女性妆发大胆创新、个性表达的前提。多种形式的面部妆容花样在隋唐时期已经发展完备，不同眉型、点唇样式，配上多变、夸张的发型，色彩浓淡不同的颊部，以及形形色色的妆靥、额黄和花子等。

4. 由于受到"理学"思想影响，宋代女性的审美风气凸显淡雅幽柔、质朴自然、优雅得体的特征，此种审美趋向影响了宋代女性妆容、发饰的风格与转变。

5. 明朝女性妆容特点既承袭唐宋，又有所改变，等级化、身份性逐渐凸显。

6. 清朝满族女性，一方面保留女真族的妆扮习惯，另一方面满族女性开始效仿汉族女性妆容特征，满族女性和汉族女性之间的妆饰界限逐渐沿然。

1. 两汉时期，女性的化妆特色是什么？

2. 魏晋时期，男性、女性如何通过妆发表达自我？

3. 唐代女性妆容与发型的特征是什么？

4. 宋代女性妆发是如何体现出"理学"影响的？

5. 请分别阐释辽、金、元时期女性妆容的特点，以及与汉民族的妆发融合。

6. 明代女性妆容与宋、元时期女性妆容有何共性与差异？

第二章

中国近现代
妆饰文化

课题名称

中国近现代妆饰文化

课题内容

20 世纪初期至 20 世纪 90 年代，中国男性、女性妆发的变化与发展

中国近现代妆发的种类与特点

中国近现代妆发与时代变迁、思想文化的关联

教学目的

使学生深刻理解与认知中国近现代妆发的变化与发展历程

妆发形象所蕴含的社会思想

教学方式

讲授

教学要求

了解中国近现代妆发史发展的脉络、妆发的变迁与特点

掌握中国近现代妆发制作的方式与技巧

第一节 │ 民国时期

一、历史背景

从清王朝结束至中华人民共和国成立之前，此历史时期为"中华民国"。"中华民国"不同于此前中国君主封建统治王朝，它是经过资产阶级民主革命斗争而建立的共和国家。"中华民国"的建立，从思想文化层面带给人们一种前所未有的自由与解放，使民主共和的观念深入人心。民国的社会思潮影响着人们的妆饰风格，这不仅是由于朝代的更换，更因西方文化的深度影响。辛亥革命的一声炮响，使近三百年的男子辫发习俗除尽，并逐步取消了在中国延续近千年、对妇女束缚极大的缠足陋习。从此，中国人开始以一种充满活力与现代气息的崭新面貌出现在历史舞台上。

在妆容层面，女性受西方影响深刻，面妆的特点是取法自然，浓艳而不失真实。在发式层面，男人剪了辫子，平头、分头、背头等方便、利索的样式成为一时的流行焦点（图2-1）。新女性们逐渐摒弃梳髻簪钗，剪发、烫发开始出现，使女性

图2-1 │ 鲁迅先生生活照

彻底摆脱头部妆饰的负重，以一种轻松、独立的姿态投入社会活动中。通过妆饰和服饰来标识等级与身份的方式已经不复存在，妆饰转而成为显示个人消费水准和审美情趣的体现，这也是民国时期妆饰文化的一大进步。

二、化妆特色

民国时期，女子们无论是化妆品还是化妆技术都受到西方的影响，尤其是好莱坞影星的化妆造型，直接影响中国影星的审美喜好，在面妆、发型、衣着甚至拍照姿势等方面，都有着非常相似的地方。

民国初期，女性的妆饰大都以简洁、淡雅、多元、实用为特点。传统头饰甚至耳环与手镯也一一免去，取而代之的是以发辫缀蝴蝶结，或是素雅鲜花插鬂的发饰。

自20世纪30年代起，女子的妆饰才又逐渐华贵起来。长长的珍珠项链被上海许多名媛所喜欢。耳环也被大量采用，并以年龄分类，如年轻女子多用垂长的款式，已婚者喜欢圆珠贴耳的设计。此种华贵特征只是和民国初期相比，总的趋势仍为简约，尤其是当时的普通女子，穿着打扮都比较朴素和实用，一些知识女性有很多都戴上了眼镜。民国初期以来，畅销沪上的《星期六画报》，封面女郎的形象也在日趋翻新，目光由谦卑垂视转为含笑平视（图2-2）；由拘泥守礼逐渐转向活泼、自信，姿态松弛且随意。至此，中国女性的形象从端庄谦恭、卑微刻板而转向了自然活泼、无所拘束。

图2-2 │《星期六画报》封面

三、发式

（一）女子发式

民国女子的发式分为两种类型：一种是"保守型"，另一种是"革新型"。

1."保守型"发式沿袭晚清遗制

（1）两把头。满族女性的两把头并没有立即消失，民国十年前后，在年节的庙会上、灯市上或喜寿的红事棚里，满族女性仍穿宽边旗袍，头梳两把头，足登花盆底鞋（图2-3）。直到1924年11月5日，溥仪被冯玉祥、鹿钟麟驱逐出紫禁城，清朝彻底覆灭后，她们才从头上摘下钿子。

图2-3 | 1910年满族女子照片

（2）空心髻。除了两把头外，有些满族女性还把头发向上做成空心髻，高高地顶在头上。大多数女性依然在脑后的最低处挽成一髻。如将发髻扭一扭盘成"S"形的"S髻"，S髻有横S髻和竖S髻区别，整个发型的特点为清爽自然，纹丝不乱。老年妇人仍喜爱戴头箍、暖帽等传统头饰。

图2-4 | 胡蝶早年留影

（3）刘海。青年女子较多留刘海（图2-4）。晚清的刘海样式在此时依然很普遍，如一字式、蚕丝式、燕尾式、卷帘式、满天星等。此外，还有许多年轻女子喜爱在前额正中间留一小撮刘海，短至眉间，长可掩目。

2."革新型"发式呈现新时代气息

（1）辫发。民国时期，一些年轻的女子，尤其是尚未出阁的大姑娘，多是留一条长辫子垂于背后，或是梳两条长辫子搭于胸前（图2-5）。辫长于腰际，辫梢上平日以红头绳扎系（服丧期间为白头绳、蓝头绳）；也有的梳一条较松的短辫，其长度将过肩膀，辫梢上扎彩绸蝴蝶结，称为"一枝独秀"；如果梳双辫扎彩绸蝴蝶结，则称为"两只蝴蝶"或"蝴蝶双飞"。

（2）剪发。沪上早期的女子美容室，其服务的主要项目便是为女子剪发，以"女子剪发，全球风靡，秀丽美观，并且经济，式样旖旎，梳洗容易，设施新异，手艺超群，闺阁令媛，请来整理"为招揽，生意非常兴隆；20世纪30年代的女学生几乎都是齐耳短发（图2-6）。

图2-5｜1916年培华女中校服（右一为林徽因）　　图2-6｜厦门集美师范学校女学生

当然剪发也有各种款式，女学生大多是齐耳短发，头前有齐眉的一字刘海；普通年轻女子有中分无刘海儿的，也有偏分无刘海儿的，偏分戴发卡的，偏分扎辫子等多种样式，但都是清爽、简洁、利索的风格。

（3）烫发。烫发时尚出自对欧美时尚文化的认同与追逐。1922年，上海的"百乐理发店"便以女子烫发为主要服务项目。烫发和剪发可以说从根本上改变了女性头部妆饰的传统格局，将反映个人家庭、婚姻的规定饰物一概摒弃，这是继放足之后促进女性解放的另一重要措施。

当时烫发的式样也有很多，有长波浪、短波浪、大卷、小卷等，但最常见的是一种中长发型。通常"中"指长度齐肩，"长"指延续至肩下，头顶三七分路，额前没有刘海儿。无论中、长，头发表面都可看出烫后明显的弯曲波浪纹（图2-7）。

图2-7｜影星胡蝶（摄于1933年）

图2-8｜胡适先生照片

该发型大多在两耳处使用发卡，既为了衬托脸型，也为了平时生活方便，因为在当时散发仍被认为不雅。著名的影星如胡蝶、阮玲玉等多以这种发型示人。在20世纪40年代，长（中）波浪的发型额上的一部分头发被极度夸张至高耸。由于当时没有定型水，高耸的头发很容易疲软、坍塌，人们甚至不惜在头发里垫棉花。

（二）男子发式

1. 光头

男子剪了辫子后，多数人剃了光头，人们互戏称"大秃瓢儿""大秃葫芦"。光头讲究剃得越亮越好。后来出了"洋推子"，才分出剃光、推光两种。比较文明的一般留"小平头"，脑顶留几分长的头发，四周则是逐渐缩短，形成坡形。也有的前额刮成"┌┐"形的边。

2. 分头、背头

民国初期，效仿国外留长发的人数较少，仅是一些留学生或从事洋务工作的人。那时留的分头非常之"怯"，头上两侧是齐头刷子式的发式，且多为中分。年长的多是将头发通通往后梳拢，留"大背头"。无论分头或背头，一律以头蜡定型，抹得油脂欲滴、光可照人（图2-8）。此外，也有所谓"小分头儿""四两油儿"之说。

3. 偏分头

20世纪20年代以后，青年男子群体中兴起了偏分型的分头，分为左偏分与右偏分。一般男性选择左偏分较多，也可根据个人脑型或特殊需要而定。一些讲究的男士还请理发师将垂于前额的长发收拢于头上，用火钳烫出两起两伏的浪花，把发型装饰得更加美观。中年人则留个既"分"且"背"的大背头，头发一律往后梳拢，但还要在左侧或右侧分出一道缝来，额前再用吹风机吹出个向前凸起的大卷，成为"探海式"。新派、洋派的老年人虽然头发稀疏，也要留个薄薄的小背头，市面上的新式理发馆也犹如雨后春笋般应运而生。有的高级理发师自己先烫一个探海式的"分背"，头油抹得锃光瓦亮，搭配西服、领带、皮鞋，外面罩上白色的工作服，成为发型模特儿，招揽生意。

四、面部化妆

（一）面妆

民国时期的女性化妆代表一种完全崭新、独立自信的新女性形象，掀开了中国女性历史新的一页。此时女子面妆风格的最大特点是取法自然，虽有浓艳却不失真实，过去年代里繁缛的面饰和奇形怪状的面妆都不见踪影了。

（二）眉妆

民国时期的女了在眉妆上，基本上承明清一脉，喜爱描纤细、弯曲的长蛾眉，多为把真实的眉毛拔去再画（图2-9）；

有的眉型眉头更高，然后往两端渐渐向下拉长、拉细，有的微微呈"八字眉"趋势；有的在眉四分之三处挑起，形似"柳叶吊梢眉"；多数弯度平缓，和真实眉型相差不远。实际上，民国时期除了影星、歌星等描重眉外，大多数普通女子都有追求自然为美的原则。

民国时期的画眉方法有四种：第一种是擦燃一根火柴（洋火），让它延烧到木枝后吹灭，拿来画眉，这种方法虽然简单，但火柴材质要选优质，并且画不均匀，色也不能耐久，要时时添画；第二种是利用火柴的烟煤，但不是直接利用，需先取一只瓷杯，杯底朝下，盛于

图2-9｜影星胡蝶照片

燃亮的火柴上，让它的烟煤熏于杯底，这样连烧几根火柴，杯底便积聚了相当的烟煤，然后取画眉笔或小毛刷子蘸染杯底的烟煤，描于眉峰上；第三种方法用老而柔韧的柳枝儿，画在眉峰，黑中微显绿，方法与第一种、第二种类似；第四种是买名为"猴姜"的中药，煨研成末，用小笔或小毛刷描画眼眉。

（三）眼妆

民国时期已引进了眼影和睫毛膏，开始追求翻翘的睫毛，并以深色眼影画出幽深的眼眶。但此时大多数女子还并不重视眼部化妆。

（四）唇妆

民国时期的唇妆抛弃了中国自古以来的"樱桃小口"，大胆依据原有唇型的大小而进行描画，显得自然而随意。唇膏的颜色依然以浓艳的大红为主。

第二节 | 20 世纪 50 ~ 90 年代

一、20 世纪 50 年代

(一) 社会背景

1949年10月1日，中华人民共和国成立，是一个以工人阶级为领导、以工农联盟为基础的人民民主专政国家。成立之初，全国处于经济发展的初步阶段，全国人民热爱拥戴社会主义建设。20世纪50年代是国家对农业、手工业和资本主义工商业的社会主义改造时期，1956年基本完成了"三大改造"。

1956年以前，中国人的妆饰文化基本沿袭民国时期中西共存的态势，沿海一带的新派人士依然崇尚西式风格。苏联花布大量出现于中国市场，迅速改变了中国人的形象，从此整个妆扮服饰主流的改变、回落、反弹等都是随着经济基础的改变而变化（图2-10）。

(二) 发式与头饰

20世纪50年代初期的女子发式主要有辫发、短发和烫发（图2-11）。年轻女子或女学生大多梳辫，或单或双；时髦女子多是短发或烫发，弯弯的刘海儿抹过额头，头发的卷度不及40年代；中老年妇女仍然梳髻。当时烫发的多是公私合营的"私方"太太、文艺工作者和知识分子中的爱美女性。1956年以后，辫发与短发取代了烫发，年轻女子多辫发，一般是双辫，以黑、长、粗为美，辫尾扎蝴蝶结。大多数农妇短发齐耳，斜刘海儿

图2-10 | 1956年花布图样

别黑发卡，或扎小辫固定刘海。

这一时期男子多留分头、平头、青年头。整齐的偏分头流行一时，"西装头"和"三七开"都是指这种发型，它一度成为城市人的标志和文明的象征，广大农民对头发的修饰很少，多为平头。

（三）面部与化妆

1956年以前，女子仍然流行化淡妆，涂脂抹粉、楚楚动人，正式场合依旧是浓妆艳抹。当时进口化妆品很少见，护肤品一般是国产的百雀羚、友谊、雅霜等，老人们依然坚持开脸、擦香粉。

1956年以后，倡导勤俭节约、艰苦朴素的生活方式，因而女性们洗尽铅华，素然简洁，追求自然美。当时流行粗黑、平直、无修饰的眉型，红扑扑的椭圆脸蛋，口红香水逐渐消失，只有电影中一些女性形象中还能偶尔窥见，胭脂也只在文艺演出中使用，可以说当时化妆的范畴非常局限，几乎退出了人们的日常生活。

二、20世纪60年代

（一）发式与头饰

这个时期，短发成为当时女子最推崇的发式之一，女性都以解放战争中农村妇女形象为模板，如齐耳短发，头顶二八分路，别黑发卡，露出炯炯有神的大眼和饱满方正的脸庞，是那时男子追逐的理想形象和女子模仿的对象。这时的老年妇女也是剪掉发髻，留起短发。另有一种女子主要发式为扎两个短辫，齐刷刷地支在肩头，又称"刷子"头或"炊帚"头。这种发式主要在年轻女孩中流行，唯一的妆饰就是系扎辫子的彩色皮筋或头绳。

男子的发式也受到影响。样板戏中的中分头是典型的反派角色，因此普遍男子多留偏分，不抹油不烫花。有些青年男子夏天留"一边倒"，侧面是板寸，正面留得较长，并从一耳侧倒向另一侧，整体看也是一种分头。至于中老年人，较多留平头或剃光头。

（二）面部与化妆

在这一时期，女人化妆不论是从经济层面还是政治层面，都是不被允许的。对女性的要求是健康、强壮，强调"妇女能顶半边天"，因此浓眉大眼、面容饱满、干净利落是女性的典型形象。

这时的化妆品与护肤品基本上是一个概念。有颜色、用于美容的化妆品被禁止了，只有用于防护目的的国产化妆品才可以使用。花露水时常被当作香水使用。当时有一种洋红色的铁壳圆柱体包装的滋润油膏，像一支大号的口红。这油膏其实类似于凡士林，也许正是它让人想到艳丽的口红，深受当时女子的喜爱。当然这些护肤品也只是大城市的富有人士可以使用，大多数的普通百姓还是素面朝天。

此外，这一时期戒指、耳环等女性饰品被束之高阁。

三、20世纪70～80年代

（一）社会背景

20世纪70年代最后三年和整个80年代的时代主题是"改革开放"。改革开放分为对内改革和对外开放，我国的对内改革首先从农村开始，同时对外开放作为我国的一项基本国策已被基本确立，各个经济特区也相继建立，人们的生活恢复了色彩，一切都以"百废待兴"的方式重建失落的自我与个性。

（二）发式与头饰

20世纪70年代的后三年，社会恢复了烫发，就如春风吹开了梨花，一夜间卷发开满了头（图2-11）。同40年代相比，虽隔了近半个世纪，但仍是一样的波浪，只是长度控制在肩膀上部，波涛式、单花式、童花式、自由式、长辫双花式等各种发型层出不穷，还有烫后盘起的发髻。年轻的姑娘还是喜欢扎辫子，特别是马尾辫，尤其受城市姑娘的喜爱。披肩发也首次被认可，而且受到了大家的喜爱。一般的新娘妆中，在两额角垂下弯弯的丝缕，增添妩媚。

图2-11 | 演员宋晓英剧照

这时的男子发式变化不大，大多数还是平头或分头。不少年轻的男子不甘落后，也烫起了波浪发型，用刚上市的发胶把头发塑成钢丝一般坚硬，还有时髦男子留垂肩长发。

（三）面部与化妆

改革开放初期女子化妆出现两种风格，一种是坚持素颜，另一种是浓彩艳妆。接受不了改革的迅速和猛烈的女子，在妆容上体现的是保持本性、素面朝天。而大部分受时代变革的影响，对色彩的渴望尤其强烈的女性，表现在妆容上就是使用浓烈的纯色：雪白的脸，乌黑的粗眉，浓重的眼影，夸张的腮红，油亮的红唇，猩红的指甲，一切都那么鲜亮，浑身上下泛滥着色彩。其中，大红色占据着彩妆的主流，以健康的小麦肤色为美，棕色系的化妆色成为时尚。妆面讲究清晰牢固，黑黑的眼线，清晰的唇线，浓重的鼻影，没有丝毫的松懈，这可能是当时过分追求表面的张扬，为了化妆而化妆，而忽略了化妆本身应有的起承转合、抑扬顿挫。在化妆品方面，进口的化妆品还很少见，国产化妆品有："霞飞""永芳""美加净""郁美净""凤凰"等品牌。

四、20 世纪 90 年代

（一）社会背景

20世纪90年代初，中国又一次掀起深化改革、扩大开放的浪潮，整个90年代，中国社会经历了更加复杂、深刻的变动，几乎波及了中国的每一寸土地。这种前所未有的转型，在全球化浪潮的推动下，带给人们巨大的机遇，也带来很多茫然和困惑。与此同时，21世纪的钟声也在远处敲响，空间和时间的急剧变化，给20世纪末的中国人带来了新的压力与机遇，对自我形象的关注空前强烈。在世纪之交跟随世界的变化潮流展现自己新的姿态和面貌，成为90年代的主题。

（二）发式与头饰

20世纪90年代，人们对发式的观念有了重大突破：男女性别差异逐渐减少。这是男女平等、各自在社会和经济地位上的绝对自主的表现，因此在塑造自我形象上也更加自我和个性。不管男女都可以长发飘飘，或者剃个光头、板寸，从背后难以分辨出性别。除了各式直卷发、长短发外，染发在90年代特别时尚，染发不再是老年人的专利，染发剂也不止有黑色。更多时尚的青年，用各种颜色的染发剂打造出新的时尚观念。

90年代港台男歌星的发型是最为流行的发型，青少年争相模仿，尤其是分头、四六分或三七分。到1997年，男人留长发也开始流行。

（三）面部与化妆

将20世纪50年代好莱坞明星的魅力混合80年代的清新气息，弯如柳月的幼眉、纤细的嘴唇、长而翘起的眼睫毛，都是90年代化妆的重点。90年代初，妆容时兴"本色"，化妆品的色调越是灰色、越是时髦。眼部仍是女子化妆强调的重点，各种眉型也是随心所欲，许多年轻女子会除掉多余的眉毛，修整出适合自己的眉型，并用眉笔修补缺陷，达到自己喜爱的样式。同时文眉、文眼线也在一段时间内风靡全国。浓密卷翘的睫毛、深邃立体的大眼一直是东方女性艳羡的；到了90年代，各种睫毛膏、假睫毛、眼线笔、眼影，特别是靳羽西为亚洲人设计制作的最适合黄种人的棕、黑系列深受大众喜爱。腮红也因可以改变面部的立体效果、增强红润效果而再度受到人们青睐。各色口红也是千娇百媚，受大众喜爱的仍然是接近唇色的红色系，唇形的描绘在扬长避短的前提下崇尚自然，追求光滑润泽并透露性感。

90年代，消失了几个世纪的面靥卷土重来，女孩们在面颊上贴上或画上各种各样美丽的妆饰或图案。面靥开始转移到身体上，成为文身、人体彩绘。这种另类的妆饰深得时尚男女的喜爱。美甲之风盛行，把美手与美甲作为整体来美化。

在90年代初期，由于盲目照搬欧美化妆品，使妆容有些生涩突兀。随着化妆理念的进步，中国人找到了自己的位置，终于有了适合自己的化妆品生产线，国外的化妆品在打进中国市场时不得不改进产品来适应不同需求，中国化妆品市场在90年代末期逐渐趋于正规和理性。

总 结

1. 清朝覆灭之后，中国社会经历着巨大的历史变革，西风东渐，中国传统文化与西方文化的交织、战争以及社会政治的不稳定因素影响着中国近代文化的塑造与发展，同时对于20世纪初期中国大众的审美趋向、妆发时尚产生了催化作用。西方妆发习尚的涌入，传统化妆审美与西方化妆审美的并存，不断革新的化妆工具、技巧的出现，妆发样式成为显现个体社会身份的符号，以上特征反映出该时期中国的妆发风貌。

2. 中华人民共和国成立后，中国进入崭新的历史阶段，朝气蓬勃、奋发向上成为社会文化的主旨，人们的衣着打扮更加朴素、自然，反映出社会主义国家积极进取的劳动人民形象。而至20世纪中叶，妆发的样式以及标准受到了较大的影响与局限。

3. 20世纪70年代末期，国家推行"改革开放"政策伊始，大众妆发的特征与审美又发生了新的转变，人们的爱美意识再一次开启，并且在西方时尚文化影响下延伸出自己国家的时尚特色。直至今日中国人的妆发思想已成为日常生活必不可少的内容，并伴随着社会发展，国力强盛，呈现出多元化、主导化的妆发潮流趋势。

─────────────── 思考题 ───────────────

1．简述民国时期女性妆发变化的特点及原因。

2．阐释20世纪中国妆发发展的脉络与历程。

西方历代
妆发史

课题名称
西方历代妆发史

课题内容
古埃及至当代，西方男性、女性妆发的变化与发展
西方妆发的种类与特点
西方历代妆发的变迁，审美意识与社会思想、文化、经济、科技间的关联

教学目的
使学生深刻理解与认知西方妆发的变化与发展历程
西方妆发形象所反映出的西方文化

教学方式
讲授

教学要求
了解西方妆发史的发展脉络、妆发的变迁与特点
掌握西方重点时期妆发制作的方式与技巧

第一节 | 古代埃及

一、社会背景

作为世界四大文明古国之一，古埃及不仅是西方文明的起源，同时也开启了全人类的智慧先河。永恒的古埃及文化充满着神奇的风俗和奥妙的灵气，漫长而狭窄的尼罗河谷地和它的下游三角洲是古埃及文明的发祥地。在至今保留下来的浮雕与壁画中，仍能感受到初始的等级化色彩以及古埃及人的形象与风貌。

从公元前4000年左右至公元前30年，古埃及建造了堪称奇迹的大型建筑，创建了当时世界范围内最先进的医疗系统，通过科学的方式控制了自然灾害带来的冲击，并为此收获了农业生产的巨大成功，种植棕榈、亚麻成为古埃及时期重要的农业产出。正是基于各领域的发展，古埃及的贵族阶级有了显示身份、追求美的物质基础，通过化妆与饰品的装饰来证明自己。

二、发式与头饰

（一）贵族的发式与头饰

在古埃及早期，由于统治者（即法老）会利用周围的一切物质来满足自身对于权力的渴望与彰显，因此当时的贵族阶层其发式主要体现出与平民阶层的不同，而最为典型的则为假发的穿戴与使用。

1. 假发

在众多留存的石刻浮雕壁画或墓室壁画中，都会看到佩戴厚重假发的贵族形象。例如，现存开罗博物馆，约公元前1350年的法老图坦卡门和王妃浮雕画中（图3-1），两个人物形象均戴着不同于正常发质、厚度的假发，并头顶华丽的冠式。

古埃及时期的假发主要以人发、羊毛或棕榈制成，并加以网衬进行固定（图3-2）。贵族阶级往往利用假发的长度来显现自己的尊贵身份。而到了古埃及的托勒密王朝时期，假发还在造型、染色方面有了巨大突破，更加具有装饰性的假发出现在贵族女性的头上。例如，在托勒密王朝最后一任法老，克丽奥佩特拉的形象中（图3-3）就可看到假发的变化。

图3-1 | 古埃及壁画：伊普伊夫妇接受孩子们的供品
图片来源：美国纽约大都会艺术博物馆资料图

图3-2 | 古埃及木乃伊面具
图片来源：笔者拍摄于美国加利福尼亚荣誉军团宫

图3-3 |《埃及艳后》剧照
图片来源：美国华人博物馆官网资料图

2.冠式

除了假发的佩戴，古埃及贵族与平民之间在形象上的等级差异也体现在冠式的拥有与使用，从现今留存下来的古埃及时期壁画或文献资料中可清晰地看到站立或坐态的贵族，头顶会佩戴高耸且不同装饰形态的冠式。早期的冠式较为简单，大体呈现出细长椭圆形态的高冠，冠顶为球形，整体冠式象征着佩戴者至高无上的权力与地位。根据相关文献记载，最早佩戴高冠的人是征服了上埃及与下埃及的古埃及国王纳尔莫（又名美尔斯），而在波士顿美术馆收藏的青铜雕像《孟卡拉和他的王后》中，古埃及第四王朝法老孟卡拉的形象即为头上佩戴高冠（图3-4）。

通过冠式佩戴表现权力象征不仅存在于古埃及男性统治者的身上，与此同时贵族女性尤其是王后阶层，其佩戴的冠式也被赋予了更多的权力象征以及神灵属性。在古埃及第十八王朝时期，约公元前1360年的壁画纳菲尔蒂王妃像中（图3-5），王妃头戴高耸、紧贴的王冠，整体呈蓝黑色，冠口边缘用金色装饰，冠体采用红宝石与绿宝石的镶嵌，显现出至高无上的权力以及贵族的奢华审美要求。

图3-4 | 图特摩斯三世塑像
图片来源：维也纳艺术史博物馆官网资料图

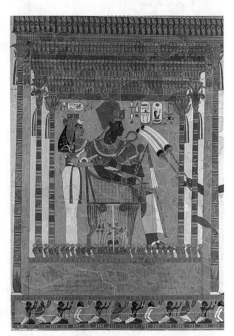

图3-5 | 古埃及壁画：纳菲尔蒂王妃像
图片来源：美国纽约大都会艺术博物馆资料图

（二）民众的发式与头饰

由于地理位置的炎热气候，加之民众日常生活的习惯，通常古埃及男性会将头发剃光、女性将头发剃短，并都戴上假发。一方面，此种方式能够避暑、保持身体的卫生清洁；另一方面，通过发型上的统一可判断出古埃及平民阶级的符号化特征。在一幅古埃及墓室壁画中（图3-6），普通民众形象跃然于画面之上，光头与戴假发者忙碌于劳动活动之中，这两种形象出现在大量的古埃及壁画中，并成为古埃

图3-6 | 纳赫特供奉礼拜堂西墙北侧壁画
图片来源：美国纽约大都会艺术博物馆资料图

及普通民众的整体印象。此外，由于
发型的统一，民众之间的年龄、性别
则需要通过胡须、性器官等鲜明符号
进行分辨。

相对于贵族群体奢美的冠式，古
埃及平民阶层在头饰的使用上较为单
一、朴素。通常男性较少有头饰的装
扮，女性则戴一条白色的发带，发
带由亚麻布制成，没有过多的色彩与
材料装饰，此种配饰在一定时空范
围内即作为男、女性别之间的区分
（图3-7）。

图3-7 | 彩绘壁板：塔蒂亚塞特制
图片来源：美国纽约大都会艺术博物馆资料图

三、面部与化妆

　　作为最早的文明古国之一，古埃及人发明了人类最早的化妆品与化妆技术。古埃及人的肤色普遍呈现出棕黄色，但在诸多壁画中仍能够感受到人们化妆的痕迹。通常古埃及女性会采集一些植物、花朵以及矿石制作成化妆用料，用提炼出的白色与红色膏脂涂抹面部与脸颊，用铅矿石与孔雀石研磨出的粉末画黑色的眼圈以及蓝色的眼影（图3-8），用花朵制作染料涂抹指甲，用红色的膏脂涂抹嘴唇等。此外，在奴隶的帮助下，贵族女子涂抹一种可以抑止汗液的乳香油并对全身进行放松按摩，然后开始繁复的化妆步骤。

　　男子比较注重胡须，认为胡须是男子威风的象征。由于气候炎热，所以当时的男子还是会剃须修面，重要活动时国王与贵族会戴上假胡须（图3-9）。男性也非常注重身体清洁，每天沐浴按摩，和女子一样进行一些必要的装扮，画眼线、涂抹油膏抑制汗液等也在男性中普遍流行。

图3-8 | 纳菲尔蒂王妃木质肖像
　　　图片来源：德国柏林国家博物馆官网资料图

图3-9 | 古埃及神话人物卜塔石像
　　　图片来源：美国纽约大都会艺术博物馆资料图

第二节 | 古希腊

一、社会背景

作为西方世界文明的启蒙与奠基，古希腊文明从公元前7世纪开始，其影响力一直延续至今。基于爱琴海优良的地理位置，结合"米诺斯文化"与"迈锡尼文化"的基础，并与古埃及文化、西亚文化进行更加直接的交融，使得古希腊文化逐渐成形，同时多种科学领域开始蓬勃发展，包括数学、哲学、建筑、冶金、纺织等。古希腊文化体系中，人们对于宇宙的认知、社会的认知以及生命的认知有了新的发现，在氏族社会向奴隶制社会转变的过程中，古希腊文化诞生了"英雄主义""古希腊神话"，以人为本的社会观念开始形成。而至公元前6世纪到公元前4世纪，"理想主义"成为社会主题，城邦的建设、民主政治的形成以及哲学体系的不断完善，使古希腊文明的精髓显现于世。古希腊时期，人们的形象特征与其自由、理想的文化氛围有着密切的关系，和谐对称的服饰美以及身体的裸露之美，反映出古希腊人的精神信仰与哲学思想观。

二、发式与头饰

通过对现存的古希腊时期雕塑、壁画以及工艺品中人物形象的收集与分析，古希腊时期男性与女性的发式基本以卷发为主，女性多为卷发盘髻（图3-10），男性多为卷发短发（图3-11）或中长卷发（图3-12）。女子非常重视发式与头饰，还经常用按摩的方式来保养自己的头发，多数女性的头发会用布裹住或用金属发环固定。前额是一排自然的卷发，两侧还留有少量的头发，自然垂下，发环上镶嵌各式的花纹（图3-13）。女子使用面纱，这一点被后来的拜占庭女子继承。帽子不是装饰，

图3-10 | 女性卷发盘髻
图片来源：笔者拍摄于法国卢浮宫

图3-11 男性卷发短发
　　图片来源：笔者拍摄于梵蒂冈博物馆

图3-12 男性中卷发
　　图片来源：笔者拍摄于梵蒂冈博物馆

而是在日常出行时，遮挡阳光所用，因此使用并不广泛。此外，男子的头饰没有女子的样式多，仅用简单的金属束带缠绕头部（图3-14）。

三、面部与化妆

　　由于古希腊社会崇尚自然之美，因此相比较于古埃及时期贵族刻意的容貌装饰，古希腊时期人们的妆容更加体现出简洁的古典之美。女性在面部的装饰上去掉了浓重与艳丽，更加强调面部的整洁、自然，五官局部与整体的协调。贵族女子热爱清洁，每天洗澡、洗头，化妆是必不可少的步骤，并逐渐上升为有涵养的象征。女性的化妆重点不在于面部，而注重身体以及手、脚等部位。女子皮肤白皙，只涂抹少量的白粉来遮掩不细腻的肌肤，用胭脂来调和不自然

图3-13 女子发式
　　图片来源：笔者拍摄于法国卢浮宫

图3-14 古希腊男子青铜雕塑
　　图片来源：希腊德尔菲博物馆官网资料图

的白粉。眼睛涂上植物制作的眼影，眉毛用锑加黑（图3-15）。

古希腊时期，男子仪态更加凸显阳刚之美，其装饰重点不在于面部，而是注重身体的修饰，经常用香油涂抹身体进行按摩，让自己的皮肤与肌肉线条更加清晰。此外，由于留胡子的习惯，古希腊男性通常使用有利于胡须以及头发生长的美容保养品，让自己的毛发更加茂密、整洁。以上形态常出现于古希腊的男性雕像作品之中，如现藏于雅典国家考古博物馆的青铜雕像《宙斯》（图3-16）。

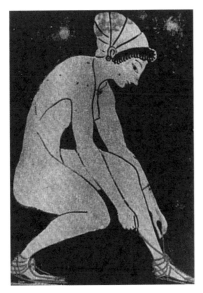

图3-15 ｜ 古希腊时期陶罐勾绘局部
　　　　｜ 图片来源：笔者拍摄法国卢浮宫

图3-16 ｜ 青铜雕像《宙斯》
　　　　｜ 图片来源：希腊雅典国家考古博物馆官网资料图

第三节 | 古罗马

一、社会背景

公元1~4世纪，西方文明的核心从古希腊转向了古罗马，在意大利半岛中部罗马人开启了几百年的霸权征程。从罗马王政时代（公元前753年—公元前509年）到罗马共和国时期（公元前509年—公元前27年）再到古罗马帝国时期（公元前27年—1453年），古罗马在语言、自然科学、农业、医学、建筑、文学等方面达到了举世瞩目的成就。虽然在1453年东罗马帝国被奥斯曼帝国所灭，但古罗马人英勇善战，创建宏图伟业的印象始终铭刻在历史的轨迹之上，而"宏伟即罗马"❶正是后世对于古罗马现存遗迹的感叹。

二、发式与头饰

古罗马时期男性的发型较之古希腊时期更加趋于短发，发丝以卷发为主，发量控制于前额之上且无刘海，整体呈现出干净利落的形象，符合男性尚武的精神特质（图3-17）。此外，古罗马普通男性较少佩戴头饰，现存的图像资料记载中仅有少量画面描绘了男性头戴简单的条带状饰品（图3-18）。值得注意的一点，古罗马时期的男性军人其头上佩戴的金属头盔是这一时期男性形象的鲜明符号。早期的头盔在中间轴线上设计了如同马鬃的突出装饰，以显勇士的威

图3-17 古罗马时期男性发型
　　图片来源：笔者拍摄于梵蒂冈博物馆

---

❶ 摘自19世纪美国诗人艾伦波的诗歌《致海伦》。

武（图3-19），后期则为适应战事要求去掉了装饰，变成贴紧头部、光滑锃亮的头盔形态（图3-20）。

图3-18 | 古罗马时期的墓葬壁画
图片来源：罗马塔尔奎尼亚国家博物馆资料图

图3-19 | 早期古罗马时期男性军人佩戴金属头盔
图片来源：笔者拍摄于梵蒂冈博物馆

图3-20 | 后期古罗马时期男性军人佩戴金属头盔
图片来源：笔者拍摄于梵蒂冈博物馆

　　古罗马时期女性的发式及头饰较为多样，并且经常更换不同的设计，梳理难度有增无减。早期古罗马女性继承了希腊人的发式，将微卷的波浪发丝束在脑后（图3-21）。而在之后的发展中，头发梳理产生了多个方向，并且头发渐渐变得很蓬松，有的将头发分成若干个部分编成小发辫，有的将其盘在脑后（图3-22、图3-23）。发展至帝国时期，女性的发型出现了一种效果极为立体的样式，头发的端头做成短卷，前额的头发设计成棚架的造型，头饰是质地各异的方形头巾（图3-24）。

图3-21　公元2世纪古罗马女性头部雕像
　　图片来源：美国哈佛大学艺术
　　博物馆官网资料图

图3-22　公元1世纪古罗马女性雕像
　　图片来源：美国洛杉矶保罗·盖蒂博物馆官网资料图

图3-23　公元9世纪古罗马女性头部雕像
　　图片来源：美国洛杉矶保罗·
　　盖蒂博物馆官网资料图

图3-24　公元5世纪古罗马女性头部雕像局部
　　图片来源：美国洛杉矶保罗·盖蒂博物馆官网资料图

三、面部与化妆

古罗马女子比古希腊女子更加注重面部的化妆。依据传统，女性在化妆之前要清洁身体的每个部位，脸上与身体的瑕疵都会想尽办法用化妆品遮掩。因此古罗马女子身体上抹的粉脂要比古希腊女子更加厚重，全身突显出白嫩的肤色。此外，在眼影、腮红、睫毛等部分涂得更加深重，唇色更为鲜艳，强调脸部五官的显现（图3-25）。

而在古罗马遗存至今的众多壁画作品及雕塑作品中，男子面部的表情都较为庄重，脸型轮廓清晰，眼睛深邃，鼻子高挺。此时的男性虽存在化妆情况，但较之女性其妆容更为淡雅，男性更加关注对身体的每个部位进行清洁、剃须甚至脱毛，以保持干净、健美的外观形象（图3-26）。

图3-25 | 古罗马壁画 *LOVE PUNISHED* 局部
图片来源：意大利那不勒斯国家考古博物馆官网资料图

图3-26 | 古罗马时期壁画 *ACHILLES AND BRISEIS* 局部
图片来源：意大利那不勒斯国家考古博物馆官网资料图

第四节 | 中世纪

一、拜占庭时期

（一）社会背景

公元330年，罗马帝国皇帝君士坦丁一世将首都东迁，并在土耳其古城伊斯坦布尔定都，直接促成欧洲与西亚服装的相互影响。同时也促进了东西方社会经济的融合。罗马帝国在公元395年分裂，东部改为拜占庭帝国，封建制度建立，拜占庭继承与发扬了古希腊、古罗马的文化传统与艺术风格，融合东西方的文明，逐渐形成独具特色的君士坦丁文化。

公元6世纪是查士丁尼统治拜占庭帝国的时期，政治经济空前发展，拥有华丽的宫殿、教堂和学校，在精挑细选的大理石上，镶嵌黄金和各种宝石，光辉耀眼，赏心悦目。从东方源源不断进口大量生丝，经过拜占庭人的加工，织成适合地中海气候的微薄的丝绸，色彩华丽，独具特色。

中世纪初期，欧洲受基督教思想的影响，肉体被认为是罪恶的，与古希腊崇拜、赞美、欣赏人体美的观念完全相反。与此相呼应，男女都穿着遮蔽严实、宽松略肥的丘尼卡，人体的线条不再显现，行云流水般的衣褶消失得无影无踪，形式与本质达到新的统一。

（二）发式与头饰

由于拜占庭时期受到古罗马文明、东方文明以及基督教文化的交织影响，人们在沿袭古罗马时期的发式与头饰的基础上，更加突显精致且多元化的特征。

男性的发式相比较古罗马时期的干练短发，发长有所增加并向鬓角两侧扩散，大部分发梢呈卷曲状且向上翻起，发型整体感觉蓬松、富有庄重性，拜占庭的贵族男性多以此种发型示人（图3-27）。而在部分男性宗教人士的形象中，简单的短发仍为主要的发型样式（图3-28）。在头饰方面，皇族男性头上的多种奢华冠饰是这个时期最为鲜明的头部装束，冠饰多以黄金作为冠体并附上珍珠与各色宝石进行镶嵌，冠体多呈小山形（图3-29）；而在一些其他类型的冠饰中，冠顶会附加十字架装饰，并在冠饰底端两侧垂以珍珠流苏挂饰（图3-30）。

图3-27 ｜ 拜占庭时期镶嵌画《查士丁尼大帝与他的随从》
｜图片来源：美国纽约大都会艺术博物馆资料图

图3-28 ｜ 拜占庭时期镶嵌画《教父队列》
｜图片来源：圣索菲亚大教堂官网资料图

图3-29 罗马教会马赛克
图片来源：意大利乔万尼·巴拉
科古代雕型博物馆官网资料图

图3-30 拜占庭金币
图片来源：土耳其define vadisi网站资料图

　　拜占庭时期，女子的发型主要以长发为主，发式精致讲究，一些女性会将头发松垮地堆在头部，并用头巾或帽檐边卷起（图3-31）。与此同时，拜占庭时期女性继承了古罗马帝国末期的女子发型样式，并用金属材质的工具、珠子巧妙地将头发扎起来，突显高贵（图3-32）。在冠饰方面，女性与男性一样，同为皇族女性方可佩戴奢侈的冠饰，并且在珠宝镶嵌上更加多样、复杂，冠体的高度较为高耸（图3-33）。

图3-31 《圣·安妮》壁画局部
图片来源：波兰华沙国家博物馆官网资料图

图3-32 | 拜占庭地板马赛克碎片
 图片来源：美国纽约大都会艺术博物馆资料图

图3-33 | 拜占庭金币
 图片来源：美国纽约大都会艺术博物馆资料图

（三）面部与化妆

拜占庭时期，由于东、西方文明相互交流，加之宗教文化开始盛行，使得拜占庭时期人们的审美态度趋于多元化。此时女子面容健康自然、端庄大方、五官立体、脸型精致，具有东方女子的古典之美。在化妆技巧方面，女性更加注重眉型的细化，眉尖与眉尾较为纤细，并加重了眉中部黑色的描绘；同时，眼部深邃的刻画也是此时女性眼部妆容的特征，黑色的眼线以及粉红色的眼影加强了眼部的色彩及轮廓；此外，女性多以粉红色涂脸颊、塑造饱满的唇型也是该时期女性妆容的主要特征（图3-34）。

图3-34 | 拜占庭时期湿壁画
 图片来源：德国慕尼黑中央艺术史研究所官网资料图

二、罗马式时期

（一）社会背景

欧洲的历史学家通常将公元11～12世纪称为"罗马式"时期。罗马式时期承接拜占庭时期的建筑、绘画，仍然保持希腊和东方的艺术风格，但建筑还是大量保留拜占庭时期的艺术造型。罗马风格生趣盎然，人物形象栩栩如生。罗马的民众为争取自由，对文化知识的渴望日益增强，在城市中出现了大学，并认为社会的进步要依靠先进的教育。

（二）发式与头饰

这一时期，受到政教合一的影响，西方男性的发式呈现出较为鲜明的等级化色彩，皇帝或王室贵族往往留长至肩部的发型，发丝呈波浪弯曲状；在骑士群体中，为便于佩戴头盔，男性发型会保持着干练的中分短发，发型整体较为蓬松（图3-35）；而在一些宗教人士群体中，男性也从拜占庭时期的短发逐渐转变为中长度的背发（图3-36）。

图3-35 摩根大师作品《大卫生活场景》
图片来源：美国纽约摩根图书馆与博物馆官网资料图

图3-36 《来自普伊格博的圣马蒂的阿尔塔尔正面画像》
图片来源：西班牙加泰罗尼亚国家艺术博物馆官网资料图

罗马式时期女性的发型仍然延续着拜占庭时期的长发，并且头发两侧呈较为浓密的波浪状，自然垂在胸前（图3-37）；也有部分女性因宗教信仰会用不同色彩的头巾完全包裹住整个头部（图3-38）；除此之外，一些女性也将头发编成辫子进行发型的装饰，有时为了增加辫子的长度还会在其中添加些许假发（图3-39）。

图3-37 | 12世纪木板蛋彩画
图片来源：西班牙加泰罗尼亚国家艺术博物馆官网资料图

图3-38 | 《寺庙里的圣母》
图片来源：美国纽约摩根图书馆与博物馆官网资料图

第三章　西方历代妆发史 ——— 091

图3-39 | 扬·凡·艾克作品《圣母领报》局部
图片来源：美国华盛顿国家美术馆官网资料图

图3-40 | 汉斯·梅姆林作品《圣母与圣婴》
图片来源：英格兰遗产保护局网站资料图

（三）面部与化妆

罗马式时期面部化妆的女子较少，仅有少数的无宗教信仰者会使用少量的化妆品装扮自己，此外部分已婚女性会涂抹较厚的脂粉，以遮盖脸部衰老的迹象（图3-40）。而大部分少女则保持自然的妆容，也较少使用香水，其源于基督教教义认为任何的妆饰都是罪恶的。罗马式时期的男性虽如同大多数女性一样较少化妆，但蓄须并精心打理则是该时期男性对于妆容较为在意的地方。

三、哥特式时期

（一）社会背景

哥特（Gothic）一词原指东日耳曼人部落的一支游牧民族，因其为历史上首批掠夺罗马城的势力，令人印象深刻。因此在文艺复兴初期，意大利人文主义者借以"哥特"一词来形容中世纪黑暗、绝望的艺术特征。从历史发展历程划分，哥特式时期的应为公元5～15世纪，其艺术风格广泛渗透在建筑、绘画作品、雕塑、音乐等方面，并形成了宗教文化至上的艺术特色。此间，哥特式艺术风格对服饰文化产生了巨大的影响。一方面，战争将具有尚武精神的服饰推广到了欧洲以及中东的其他国家与民族，东西方服饰文化产生了融合效应；另一方面，受到哥特式建筑风格的影响，一些服饰形态开始趋于哥特式建筑轮廓以及教堂装饰图案与色彩。例如，安妮帽、尖头鞋、不同色彩拼接的服装等。

（二）发式与头饰

哥特式时期的女性发型相比较罗马式时期以及拜占庭时期更加严谨、保守。多数女性的发型被头巾所覆盖，并以各种形态进行包裹。13世纪后期，女子流行将头饰延伸到耳边，用别致的发网将头发罩住（图3-41）；14世纪的女子头饰重视宽大的造型，分别梳成两条大辫子，然后各盘成一个圆形固定在耳朵两边，称为"羊角发型"（图3-42）。还有一种类似于哥特式建筑塔尖造型的圆锥形高帽子，俗称"汉宁"，也是将头发通通盖住，在帽尖还托有很长的面纱装饰（图3-43）。而此时，男性的发型与过往没有太大变化，较为特别的是一些男性宗教人士会用各式的头巾包裹自己的头部（图3-44）。

图3-41 波拉约诺作品《一位女性的侧面肖像》
图片来源：德国柏林国立博物馆官网资料图

图3-42 罗希尔·范德魏登作品《带有翼阀的女式肖像》
图片来源：德国柏林国立博物馆官网资料图

图3-43 彼得鲁斯·克里斯蒂《年轻女性画像》
图片来源：德国柏林国立博物馆官网资料图

图3-44 彼得罗·佩鲁吉诺作品《洛伦佐·迪克雷迪
肖像》
图片来源：美国华盛顿国家美术馆官网资料图

（三）面部与化妆

　　哥特式时期，女性较为注重面部的细节处理，如深邃的目光、细而长的眉毛、高高的鼻梁、圆润的下巴。同时，为了追求洁白的肤色，女性的妆容大量使用铅白，同时眉毛被画成棕色。这个时期的女子最为典型的化妆是将额头的杂毛去除，额头较为光亮（图3-45）。

图3-45 乔瓦尼·安东尼奥·博塔费奥作品《青少年救世主》
图片来源：西班牙马德里拉萨罗·加尔迪亚诺博
物馆官网资料图

第五节 | 文艺复兴时期

文艺复兴（Renaissance）时期指西方世界进入1400年之后的一段时期。这一百年间人文、科学和艺术全面兴盛。文艺复兴的字面含义即是对古希腊、古罗马时期文化及艺术的致敬及重塑，而从历史发展概况进行阐释，文艺复兴是一场西方社会反映新兴资产阶级与思想解放的运动，也是继古希腊、古罗马之后西方社会发展的另一个高峰。文艺复兴时期，西方社会在艺术、政治、哲学、科技以及经济等领域成绩斐然，并诞生了达·芬奇、米开朗琪罗、拉斐尔、但丁、薄伽丘、莎士比亚等各巨匠，开启了之后西方社会的快速发展。

一、意大利风格时期

（一）发型及头饰

意大利是文艺复兴运动的发源地，在文艺复兴初期意大利的文化风格逐渐渗透到欧洲各地，多个国家在审美方向以及服饰风格更加倾向于意大利风格。这一时期女性更加注重形象气质的塑造以及高雅的鉴赏能力，并且多用精致的饰品装饰服装以及发式。

这一时期，大多数贵族女性的发型层次感开始突显，头部两侧的发型通常由卷发、麦穗辫以及绳结辫组成，有时为塑造造型会在发丝中加入假发。女性发尾往往会以卷发发髻处理或交叉盘髻。与此同时，女性的发型会结合彩带、珍珠串饰或其他金饰予以装饰（图3-46、图3-47）。此外，一些女性发式会采用轻薄的软纱遮盖住头额及耳部，并用金属链条缠绕在头部以作装饰（图3-48）。

图3-46 桑德罗·波提切利作品《理想化的女士肖像》
图片来源：德国法兰克福施泰德美术馆官网资料图

图3-47 多梅尼哥·基尔兰达约作品《乔瓦纳托尔纳布奥尼肖像》
图片来源：蒂森·博尔内米萨国家博物馆官网资料图

图3-48 达·芬奇作品《抱雕女郎》
图片来源：波兰克拉科夫国家博物馆官网资料图

图3-49 拉斐尔作品
图片来源：匈牙利布达佩斯美术博物馆官网资料图

此阶段，男性发型也发生了些许变化，部分宗教男性人士仍以短发为主，而一些年轻的贵族及上流社会男性的发型会设计成中分式的中长发，发型两侧发量较厚且长度能够盖住耳朵，并且会选择不同形态的帽子加以装饰（图3-49）。

（二）面部与化妆

意大利风格时期，女性整体的面部妆容呈现出淡雅、精致的特征。眉毛的线条较为浅显且细长，有的甚至看不出眉毛线条的痕迹（图3-50）。与此同时，宽阔的额头是文艺复兴艺术作品中典型的女性面容，女性整体的面部肤色清淡，两颊处会施上浅粉色腮红。女性的睫毛会以轻微上翘的方式处理，而唇部则会塑造出较为饱满的形态（图3-51）。

图3-50 | 埃尔科莱·德·罗贝尔提作品《吉尼拉·本特沃格里奥》
图片来源：美国华盛顿国家美术馆官网资料图

图3-51 | 简·海伊作品《奥地利的玛格丽特》
图片来源：美国纽约大都会艺术博物馆资料图

二、德意志风格时期

从15世纪中后期开始直至17世纪，欧洲开启了"大航海时代"，各欧洲主要国家分别派领舰队开辟疆土、建立殖民地。在这一历史进程中，欧洲国家之间不仅加强了相互之间的关联，同时也加速了欧洲服饰的发展与趋同。德意志风格时期兴盛于1510～1550年，首先在德国发展，后蔓延至欧洲大部分国家。由于日耳曼民族与生俱来的尚武特质，其服饰风格突显出鲜明的战争色彩，如切口装、填充装等，而服饰风格也间接影响到发型及妆容。

（一）发型及头饰

德意志风格时期，男性与女性最为鲜明的头饰即各种形态的帽子。通常大多数贵族男性会以黑色的檐帽为主，帽子中间多呈尖顶状，帽檐以圆弧形呈现（图3-52）；部分帽子会用白色羽毛以及金线进行装饰，以此彰显穿戴者的身份（图3-53）。同时，男性发型方面没有太多变化，仍与意大利风格时期较为接近。

德意志时期女性的头饰较为多样，不仅有各种样式的帽子、头巾，同时别致的饰品也常出现在女性形象之中。此时，贵族女性的帽子沿袭了中世纪"安妮

图3-52　小汉斯·荷尔拜因作品《两个外交官》
图片来源：英国伦敦国家美术馆官网资料图

图3-53　小汉斯·荷尔拜因作品《亨利八世像》
图片来源：英国利物浦沃克美术馆官网资料图

帽"的尖头形态但朝向向下，帽子在额头及两鬓处形成了房屋状，并用金丝与宝石做内嵌装饰，整体感觉奢华富丽、层次分明（图3-54）；而普通女子多以金属发网罩住头发后端，头部两侧以卷发自然垂下为造型（图3-55）；除此之外，一些女性则以长辫子示人，也会佩戴檐帽，色彩多以红色为主并在帽顶插饰一些羽毛（图3-56）。

（二）面部与化妆

德意志风格时期女性的妆容相比较意大利风格时期没有特别鲜明的变化，仍以清新、淡雅为主；男性则更加注重留须及打理，大多数贵族男性会以络腮胡为主，胡须较厚且线条经过精心的打理与设计（图3-57）。

三、西班牙风格时期

从16世纪中后期至17世纪初期，欧洲各国的实力对比体现在海上霸主的地位以及殖民领地的占有量。正是这一时期，西班牙在欧洲建立了强大的海军舰队，其领土扩张遍布到欧洲之外的诸多地区，而西班牙国势的强盛推动了西班牙服饰风格逐

图3-54 │ 小汉斯·荷尔拜因作品《英格兰王后简·西摩》
图片来源：维也纳艺术史博物馆官网资料图

图3-55 │ 阿尔布雷希特·丢勒作品《威尼斯女青年肖像画》
图片来源：维也纳艺术史博物馆官网资料图

图3-56 │ 老卢卡斯·克拉纳赫作品《朱迪斯和霍洛费内斯之首》局部
图片来源：维也纳艺术史博物馆官网资料图

图3-57 │ 提香作品《阿方索·阿瓦洛斯肖像》
图片来源：美国洛杉矶保罗·盖蒂博物馆官网资料图

渐向欧洲其他国家扩散与影响。从历史角度划分，西班牙风格时期是指1550～1620年，整体的服饰风格体现出膨胀感、切口式样、褶皱感以及女性夸张的外观线条。

（一）发型及头饰

西班牙风格时期，女性发型的精致、奢侈程度达到了整个文艺复兴时期的最高水平。此时期，女性的发式多以中分盘发为主，发式中部至发尾处多用各式的珍珠、金饰以及花钿进行装饰，发型层次感较强，体现出穿戴者的富贵气质（图3-58、图3-59）；普通女性的发型多用各式东方头巾进行包裹，头部裹后较为圆润，同时头后会垂下较长的头巾叶以作装饰（图3-60、图3-61）。此外，部分女性发式以盘发髻与卷发结合的方式示人（图3-62、图3-63）。

图3-58 安东尼·范戴克作品《马尔切萨·埃莱娜·格里马尔迪·卡塔内奥》
图片来源：美国华盛顿国家美术馆官网资料图

图3-59 拉维尼亚·丰塔纳作品《贵族女性肖像》
图片来源：美国华盛顿国际女性艺术博物馆官网资料图

图3-60 | 约翰内斯·维米尔作品《戴珍珠耳环的少女》
图片来源：荷兰莫瑞泰斯皇家美术馆官网资料图

图3-61 | 约翰内斯·维米尔作品《少妇肖像》
图片来源：美国纽约大都会艺术博物馆资料图

图3-62 | 伦勃朗作品《女人肖像》局部
图片来源：荷兰国立博物馆官网资料图

图3-63 | 卡拉瓦乔作品《抹大拉的马太和马利亚》
图片来源：底特律艺术学院官网资料图

  西班牙风格时期，男性的发型因社会身份的差异产生出两种不同的风格。通常贵族男性仍保留着中长的卷发，并在庄重场合佩戴黑色檐帽（图3-64）；普通男性群体则多以短发造型为主（图3-65）。

图3-64 | 彼得·保罗·鲁本斯作品《自画像》
图片来源：维也纳艺术史博物馆
官网资料图

图3-65 | 委拉斯凯兹作品《三个乐人》
图片来源：德国柏林国立博物馆官网资料图

（二）面部与化妆

西班牙时期贵族女性面容上的脂粉较为厚重，肤色特别白皙，脸颊及鼻翼处涂抹着较为浓郁的粉红胭脂，眉部线条勾画纤细，五官在妆容的衬托下更为精致。同时，男性妆面也以白皙的质感呈现，代表自身的健康状态（图3-66）。

图3-66 | 彼得·保罗·鲁本斯作品《圣伊尔德丰索三联画》
图片来源：维也纳艺术史博物馆官网资料图

第六节 ｜ 巴洛克时期

从16世纪至17世纪，人本主义思想逐渐在社会大众群体中成为主流，人们对于科学的重视程度逐步提升，新航线的发现、宇宙天体的新研究、骑士精神的瓦解，使民间的理性思想与旧有的教会势力形成了对立，多元文化交织的新时代拉开序幕。"巴洛克"正是基于多元的时代背景下所诞生出的文化风格，其影响力渗透到建筑、服饰、绘画等多个领域，成为16世纪中后期至18世纪西方文化最为鲜明的代名词。

"巴洛克"（Baroque）一词原指变形的珍珠，强调繁复、色彩艳丽、装饰性强的艺术感觉，突出韵律感以及眼花缭乱的线条呈现。因此，巴洛克风格华丽复杂的装饰性体现在建筑的室内装饰、画作中的矫揉造作以及服饰上的精巧饰样。

一、荷兰风时期

（一）社会背景

荷兰风时期是巴洛克风格最初呈现的阶段，其融合了法国宫廷奢侈的装饰文化，演变成17世纪初期欧洲主流的艺术风格。16世纪末期，西班牙国势逐渐衰退，法国加强君主专制政体导致社会民不聊生，而法国贵族则更加专注于穷奢极欲的生活。同时，而17世纪初期，荷兰摆脱英国统治，建立起欧洲社会第一个资本主义国家，国力强盛、制造业发达，并逐渐掌握了服饰流行的"话语权"。

荷兰风时期，服饰更加凸显"男装女性化""女性夸张装饰化"的特征。男性服饰的外形轮廓线条更加自然，舍弃了硬质填充与拉夫领，加入蕾丝、缎带以及蝴蝶结等女性化配饰，逐渐形成荷兰风时期的三个特征：长发（Longlook）、蕾丝（Lace）以及皮革（Leather）。与此同时，女性服饰则出现了大胆的袒胸形式，并在领口、袖口以及裙摆等处使用大量的蕾丝、缎带以及绳结装饰。

（二）发型及头饰

荷兰风时期，男性的发型为迎合长发的流行趋势，会佩戴黑色、银色或棕色的假发示人。假发通常用羊毛制成并染成相应的色彩，整体形态较为厚重，发丝多为卷曲形状，发型走向以中分且两侧卷发垂下为特点。假发的佩戴者以皇室贵族男性为主，通过此种方式能够彰显出佩戴者的独特气质与身份地位（图3-67）。与此同时，部分男性仍保留着文艺复兴时期男性常有的短发形象，但并不普遍。在发饰方面，诸多贵族男性会佩戴各种式样的檐帽或软帽，帽子上会用较长的羽毛作装饰（图3-68、图3-69）。

图3-67 | 弗朗切斯科·索里梅纳作品《查尔斯六世国王与阿尔萨恩伯爵》
图片来源：维也纳艺术史博物馆官网资料图

图3-68 | 伦勃朗作品《戴金项链的老人》
　　图片来源：美国芝加哥艺术学院官网资料图

图3-69 | 亨德里克·特儿·布吕根作品《演奏琵琶的人》
　　图片来源：英国伦敦国家美术馆官网资料图

　　此阶段，宫廷贵族女性发型主要呈现高耸、蓬松的形态。发丝多为卷曲形态，并集中于脑后形成高发髻（图3-70），而其他贵族女性发型则较为简单，多数发型以向头后梳髻为主，前额较为光亮，发体用各式精致的头巾加以包裹（图3-71、图3-72）。

图3-70 | 约翰·佐法尼作品《夏洛特皇后与她的两个长子》
　　图片来源：英国皇家收藏信托官网资料图

图3-71 伦勃朗作品《手持康乃馨的年轻女子》
图片来源：丹麦昆斯特博物馆官网资料图

图3-72 弗兰斯·哈尔斯作品《一个荷兰家庭的肖像画》
图片来源：美国辛辛那提艺术博物馆官网资料图

图3-73 格里特·德奥作品《切洋葱的女孩》
图片来源：英国皇家收藏信托官网资料图

（三）面部及化妆

荷兰风时期，女性的面部妆容更加妩媚、饱满。肤色白皙，眉毛纤细，鼻骨有较为鲜明的高光点缀，进而突出鼻部的立体感。面部脸颊仍用红色膏脂涂抹，显现出更为健康、自然的肤色感觉。同时，嘴部饱满、润泽的效果也是此时期女性较为常见的唇妆（图3-73）。此外，男性的妆容除保持之前时期的特征之外，对于眉毛的厚度以及胡须的厚度也有了更为精心的打理。

二、法国风时期

（一）社会背景

自17世纪中叶开始，荷兰在欧洲

的霸主地位日渐式微，而波旁王朝统治下的法国开始成为西方社会政治、文化、经济等领域的核心。从路易十三时代开始，封建君主统治阶级加强了中央集权，在商业上抵制国外商品且大力发展法国的工业体系，致使17世纪末期法国国力得到巨大提升，而兴盛的社会环境，优越的物质条件，让法国皇室形成了奢侈、挥霍的生活方式。金碧辉煌的宫殿、精美的室内装饰与园林设计、天鹅绒、蕾丝、金饰等华丽服饰材料等，以上现象凝结且反映出巴洛克时期法国艺术风格追求奢侈、装饰性强的宫廷审美标准。

（二）发型及头饰

法国风时期，男性发型在延续荷兰风时期假发基础上丰富了样式与种类，无论在长度、厚度还是层次感等方面都体现出更为多元化的呈现（图3-74）。其中较为常见的发型有中分长卷发（图3-75）、卷曲背发（图3-76）以及背发与柱形卷发相结合的类型（图3-77）。

女性发型方面，夸张、蓬松感的造型仍为主流，并且在形式与细节上更加复杂多样。女性在高耸、蓬松的发型基础上，将发梢处理成波浪状并垂于肩部，头顶呈现椭圆状，当时法国的玛丽皇后肖像常以此种发型示人（图3-78）。此外，部分贵族女性的塑造更为夸张、独特的发型会在头发中添加假发（图3-79）。

图3-74 威廉·贺加斯作品《五种类别的佩鲁基假发》
图片来源：美国纽约大都会艺术博物馆资料图

图3-75 伊凡·尼基季奇·尼基廷作品《格罗文基伯爵肖像》
图片来源：俄罗斯特列季亚科夫画廊官网资料图

图3-76 亚森特·里戈作品《路易十五孩童时期肖像》
图片来源：美国纽约大都会艺术博物馆资料图

图3-77 安托万·弗朗索瓦作品《着盛装的路易十六》
图片来源：法国凡尔赛宫官网资料图

图3-78 伊丽莎白·维杰·勒布伦作品《法国皇后玛丽·安托瓦奈特画像》
图片来源：法国凡尔赛宫官网资料图

图3-79 弗朗西斯科·何塞·德·戈雅·卢西恩特斯作品《庞特霍斯·德·马克萨肖像》
图片来源：美国华盛顿国家美术馆官网资料图

此时期，女性的发饰为塑造高贵、奢华的装饰效果，发饰材料多用羽毛、纱巾、缎带、珍珠、金饰等打造出更为繁复、层次感强的头部装饰。同时，头饰形态俨然成为女性群体之间身份差异的象征。贵族女性多佩戴大沿草帽，帽子上有羽毛与丝带的装饰，而普通女性则多用纱巾包裹发式（图3-80）。

图3-80 ｜ 阿德莱德·拉比勒·居伊德作品《两个学生的自画像》
图片来源：美国纽约大都会艺术博物馆资料图

（三）面部与化妆

　　由于法国风时期更加盛行"男装女性化"，因此男性的面部妆容更加强调精致与装饰性。男性面部会涂抹较厚的粉脂以增强肤色的白皙感，脸颊部分会涂抹粉色的腮红，眉毛的线条较为纤细，鼻部的立体感较为鲜明（图3-81）。与此同时，男性对于皮肤的保养以及利用香水营造气氛也是此阶段贵族男性较为热衷的生活方式。

　　相比较荷兰风时期，法国风时期女性的妆容设计也达到了极致。大部分贵族女性呈现出双颊丰满、眉毛细长、嘴唇饱满、鼻子尖挺的妆容特点，眼睛里透出一种安详的神情。女性面部的粉脂仍然较厚，两颊及鼻翼处均涂抹粉红胭脂，眉型多以纤细形态呈现，并且在嘴唇的塑造上更加饱满且性感（图3-82）。此外，部分女性还会点上假痣来遮掩面部的瑕疵，营造出更为动人、可爱的面容。

图3-81 | 约翰·斯米伯特作品《弗朗西斯·伯尼利肖像》
图片来源：美国纽约大都会艺术博物馆资料图

图3-82 | 伊丽莎白·维杰·勒布伦作品《格兰德夫人肖像》
图片来源：美国纽约大都会艺术博物馆资料图

第七节 | 18 世纪

一、洛可可时期

（一）社会背景

18世纪中期（1750年）开始，法国统治者从路易十四时代逐步过渡到路易十五时代，原本艺术风格的矫饰与炫耀也渐渐发展成萎靡繁缛。在路易十五统治期间，统治阶级在巴黎近郊建设了大批的豪华宫殿，并用大量纤巧、细腻、华丽的图案进行室内装饰，营造出柔媚的视觉效果，巴洛克风格中的宏伟、庄重开始转变成富有享乐主义的文化特征，至此洛可可风格成为主流。

洛可可（Rococo）是由法语"Rocaille"（贝壳工艺）演变而成，原意为"贝壳装饰"或"岩状装饰"，而在具体的艺术形态中专指贝壳和类似岩洞的石雕饰物的装饰风格。洛可可风格在18世纪中后期应用领域较为广泛的即为宫廷内部装饰，从巴黎凡尔赛宫保留下来的壁纸、布艺饰品以及摆设等皆可感受到强烈的洛可可风格（图3-83）。正是在洛可可风格大行其道的影响下，18世纪中后期宫廷贵族服饰呈现出洛可可风格的趋向，男性服饰逐渐从"女性化"回归到干练、简单的男装风格；

图3-83 | 法国巴黎凡尔赛宫内部装饰
图片来源：笔者拍摄于凡尔赛宫内部

图3-84 | 让·马克·纳蒂埃作品《塞萨尔·弗朗索瓦·卡西尼·德·图里的微型肖像》
图片来源：沃尔特斯美术馆官网资料图

而女装服饰中多层次的裙身、蕾丝与缎带的装饰，夸张、奇特的发型以及更加纤细的腰身等特点将洛可可风格推向了极致。

（二）发型与头饰

洛可可时期，男性发型逐渐抛弃巴洛克时期的披肩卷发，开始将发型设计成干练的短发，并且层次感更加鲜明。部分男性发型轮廓以背发呈现，头部两侧发丝较厚，能遮盖耳部，头顶向后呈阶梯式卷发，发长至颈部底端（图3-84）；与此同时，部分男性发式会设计成螺状的卷发，近似当代西方法官所佩戴的假发样式（图3-85），还有一些男性会将卷发垂于鬓角两侧以求美观。在发饰方面，洛可可时期贵族男性主要佩戴三角帽（图3-86）。

图3-85 | 亚历山大·罗斯尼作品《瑞典国王古斯塔夫三世与他的兄弟们》
图片来源：瑞典国家艺术博物馆官网资料图

洛可可时期，女性发型样式较为
丰富，除保留巴洛克时期一些基本的
女性发型之外，在造型、体积、装饰
等方面均有大胆突破。此阶段，女性
的发式更加倾向于高耸、巨大的风格，
通过添加假发使得多数发式整体呈现
高髻且多种层次形态，发型具有立体
感（图3-87），一些发型甚至达到了极
为夸张的形态（图3-88）；同时，一些
贵妇的发式会结合羽毛、蝴蝶结等饰
品进行搭配，进而塑造出鲜明的立体
感与高贵感（图3-89）。在发饰方面，
部分贵妇会佩戴大型礼帽并在头顶做
出造型各异的工艺品样式，如风车、
盆景、人物等。高耸的发型与宽大的

图3-86 托马斯·庚斯博罗作品《托马斯·盖恩斯伯勒，彼得·达内尔·穆尔曼，查尔斯·克罗卡特和威廉·基布尔·内尔·帕萨乔肖像》
图片来源：英国泰特美术馆官网资料图

裙撑代表了洛可可时期女性典型的外观形象（图3-90）。

图3-87 约书亚·雷诺兹作品《沃尔德格雷夫夫人》
图片来源：苏格兰国立美术馆官网资料图

图3-88 | 18世纪法国宫廷时装人偶局部
图片来源：日本京都服饰文化研究所官网资料图

图3-89 | 弗朗西斯科·何塞·德·戈雅-卢西恩特斯作品《帕尔马的玛丽亚·路易莎》
图片来源：西班牙维克多·巴拉图书博物馆官网资料图

图3-90 | 亚历山大·罗斯尼作品《娜塔莉亚·彼得罗夫娜·戈利琴公主肖像》
图片来源：瑞典康斯特马尔默博物馆官网资料图

（三）面部与化妆

洛可可时期深刻的宫廷之风，让贵族群体陷入浓妆艳抹的追求之中。此时期，贵族女性大多涂抹较厚的白色粉底，红色的胭脂不再局限于涂抹在脸颊，并逐渐扩展到鼻翼与眼部周围（图3-91），女性嘴部唇妆仍保持着饱满性感的形态。同时，由于个人卫生状况较差，部分女性会用香水或香粉来遮盖自己的体味。此外，洛可可时期男性仍延续着巴洛克时期脸部搽白粉的习惯，以突出更为阴柔的高贵气质（图3-92）。

图3-91 托马斯·庚斯博罗作品《托马斯·格雷厄姆夫人阁下》
图片来源：美国华盛顿国家美术馆官网资料图

图3-92 本杰明·韦斯特作品《盖伊·约翰逊上校和卡隆海恩特耶》
图片来源：美国华盛顿国家美术馆官网资料图

二、新古典主义时期

（一）社会背景

　　18世纪末期至19世纪初期是西方社会重要的历史变革时期，1789年法国爆发震惊全球的资产阶级革命，统治了几个世纪的波旁王朝土崩瓦解，君主专制的政治体系被天赋人权、三权分立等民主思想所取代，以法国为代表的欧洲国家开始逐渐进入了资本主义社会。新古典主义时期正是在法国大革命这一划时代历史背景下所形成的，其根植于18世纪末期西方社会对于古典艺术的重新挖掘与热衷，反映出统治阶级渴望恢复古希腊、古罗马文化内涵，争取理性、自然审美的意愿。

　　新古典主义时期，服饰逐渐从奢华、繁缛的洛可可风格转向自然、简单的古典风格，女性服饰减少了夸张的身体轮廓装饰，转而向自然、匀称的服装线条发展，如具有古典味道的鸡心式连衣裙、开司米披肩等。此阶段男性服饰更为简洁且富有绅士感，西装、长款燕尾服、礼帽、皮鞋、领结（图3-93）等已成为上流社会男性的主要着装，而着马裤、皮靴的形象也常出现在宫廷的男性形象之中（图3-94）。

此外，资产阶级革命的成功，让革命者的服饰形象更加深入人心，衬衫、工装裤、便帽的形象成为普通男性民众热衷的服饰搭配。

图3-93 | 科斯坦丁·汉森作品《一群丹麦艺术家在罗马》
图片来源：丹麦昆斯特博物馆官网资料图

图3-94 | 何塞·阿帕里西奥作品《费迪南德七世降落在圣玛利亚港》
图片来源：西班牙马德里浪漫主义博物馆官网资料图

（二）发型与头饰

新古典主义时期，女性的发型已减少了高耸、夸张的造型，而是将卷曲的发丝自然垂落，头顶发丝盘起形成小髻，用绑带或较宽的发带进行固定，额头两侧有卷曲发丝，额前有中分刘海，发型整体轮廓偏小，显现出古希腊女性形象的特质（图3-95、图3-96）。与此同时，女性的头饰除保留洛可可时期的羽毛礼帽之外，还衍生出"C型"礼帽，其整体形态呈长椭圆形，礼帽两侧底端有系带用于固定，礼帽边缘处会加入蕾丝边，帽部尾端与顶端会融入花型配饰，以增添帽子田园风格的气息（图3-97、图3-98）。

此时期，男性的发型主要趋于短发，发丝呈轻微的弯曲状，额前无刘海且露出前额。同时，男性更加注重长鬓角的设计与打理，有的鬓角甚至达到了面腮底部（图3-99）。头饰方面，男性大多佩戴三角帽与筒形礼帽，筒形礼帽有高、中、低不同高度的类别（图3-100）。

（三）面部与化妆

受到古典主义风格的影响，此阶段女性的妆容更为简单、淡雅，减少了过多的浓妆艳抹，凸显自然的肤色，注重内在之美。男性的妆容主要突出眉毛的浓密，其他部分干净、整洁，没有过多的修饰，蓄胡须的男性较少。

图3-95 | 托马斯·苏利作品《玛丽小姐和艾米丽·麦克尤恩的肖像》
　　图片来源：美国洛杉矶艺术博物馆官网资料图

图3-96 | 雅克·路易·大卫作品《泽纳伊德和夏洛特·波拿巴姐妹画像》
　　图片来源：美国洛杉矶保罗·盖蒂博物馆官网资料图

图3-97 乔治·彼得·亚历山大·希利作品《尤菲米亚·怀特·范·伦斯勒》
图片来源：美国纽约大都会艺术博物馆资料图

图3-98 吉尔伯特·斯图尔特作品《阿比盖尔·史密斯·亚当斯（约翰·亚当斯夫人）》
图片来源：美国华盛顿国家美术馆官网资料图

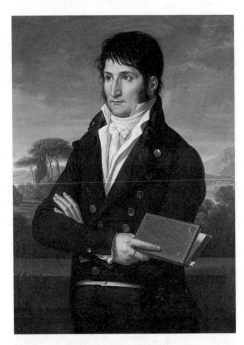

图3-99 弗朗索瓦·查维耶·法布尔作品《卢西亚诺·波拿巴在鲁菲内拉别墅》
图片来源：意大利罗马拿破仑博物馆官网资料图

图3-100 拉尔夫·埃利泽·怀特塞得伯爵作品《田纳西州的绅士》
图片来源：美国安德鲁·杰克逊故居资料图

第八节 | 19 世纪

一、帝政时期

（一）社会背景

从1804年拿破仑加冕称帝后，法国即进入帝政时期。帝政时期，拿破仑通过强有力的军事扩张以及一系列政治、经济改革，致使法国重新成为西方世界的霸主。在拿破仑的主张下，法国开始以奢华、宏伟来激发国力的复兴，推崇古典主义艺术，大兴恢弘的宫殿，鼓励美术沙龙与手工业发展，法国的宫廷审美之风在19世纪中期达到了最高峰。由于帝政时期统治者对于古典主义的推崇，加之豪奢风潮的来袭，女性服饰在继承前期风格的基础上产生了一些新的变化。例如，薄纱制作的修米斯、无袖束腰的连衣裙、斯潘塞外套等。而相比较女装的较大变化，此阶段男装的变化则较少。

（二）发型与头饰

帝政时期，古典优雅的审美态度让女性延续着新古典主义时期短而精致的发型。除中分样式的卷发之外，女性还会利用丝绸发带或不同形态的包发巾装饰头部（图3-101）。此外，缎面礼帽内衬荷叶边包发巾也是此阶段女性较为钟爱的头饰（图3-102）。

男性发型及配饰较之前时期没有产生太多变化，简单、干练、富有纤巧姿态仍是此阶段男性普遍的外观形象。

（三）面部与化妆

此阶段，女子的面部仍保持着丰满匀称、五官立体的特点，并且开始注重个人的清洁卫生，利用混合香水的水清洁身体。面部通常不会化很艳丽的妆容，但非常注重美白与去除皱纹。男子一般不化妆，热爱干净，经常沐浴，并继续流行长至下巴的鬓角。

图3-101 吉尔伯特·斯图尔特作品《路易莎·凯瑟琳·约翰逊·亚当斯（约翰·昆西·亚当斯夫人）》
图片来源：美国白宫政府官网资料图

图3-102 阿尔弗雷德·雷特尔作品《艺术家母亲的肖像》
图片来源：德国柏林国家博物馆官网资料图

（四）典型形象

拿破仑形象、约瑟芬兰皇后。

二、浪漫主义时期

（一）社会背景

浪漫主义一词来源法语中的"Roman"，结合历史背景与词意内涵，其表达了对于传统制度、礼教的反叛，渴望自由的态度显现。虽然帝政时期的到来宣告了封建专制制度的土崩瓦解，但在19世纪30年代开始西方社会却出现了追求自我、追求孤独、渴望思想解放的社会思潮，而浪漫主义正是在此社会背景下衍生出来的。

浪漫主义在19世纪文化领域的影响较为深远，除传统绘画、雕塑之外，文学、音乐、戏剧等艺术形式均能感受到浪漫主义色彩。例如，文学作品中雨果的《悲惨世界》《巴黎圣母院》，美术作品中籍里柯的《梅杜萨之筏》、德拉克罗瓦的《自由引导人民》等。

19世纪中后期的服饰也同样深受浪漫主义的影响，女性裙身上腰线的自然回归、紧身胸衣的重新流行、裙身下摆的蓬松化以及极端的领口设计，充斥着更为自我、个性、开放的文化态度。

（二）发型与头饰

浪漫主义时期人们的审美态度即是对过往宫廷趣味、矫饰的重新回归，而发型、发饰也开始向复杂、装饰性强的宫廷风格转变。此阶段，部分贵族女性发型以盘发与柱式卷发相结合为主，并附加羽毛、丝绢以及珍珠等材料进行装饰（图3-103）。发式高度虽不及巴洛克与洛可可时期，但整体发式视觉效果与宫廷风格较为接近。与此同时，新古典主义时期的卷曲中分短发仍流行于女性群体之中，并在此基础上发展出中分两侧扇形卷发的发式（图3-104、图3-105）。此阶段，男性发型仍以短发为主，两侧留长鬓角仍为时尚。

图3-103 托马斯·劳伦斯作品《玛丽亚·康宁汉夫人》
图片来源：美国纽约大都会艺术博物馆资料图

图3-104 胡安·科尔德罗作品《多尼亚·多洛雷斯·托斯塔·德·圣安娜的肖像》
图片来源：墨西哥国家艺术博物馆官网资料图

图3-105 约翰·特朗布尔作品《玛丽和汉娜·默里小姐》（局部）
图片来源：美国华盛顿史密森尼美国艺术博物馆官网资料图

（三）面部与化妆

浪漫主义时期，女性面部不是很丰满，为了达到一种病态的美，女子会节食减肥，熬夜让自己的双眼深陷，并画上褐色的眼影，用牛奶美白肌肤。

三、新洛可可时期

（一）社会背景

从西方服装史的发展角度划分，新洛可可时期是从1850～1870年，此间法国进入近代史上的第二个帝政时期。拿破仑三世执政期间更加倾向于代表大资产阶级的切实利益，因而得到了工商资本家以及金融资本家的共同支持。同时，在19世纪50～60年代，法国资本主义迅速发展，顺利完成工业革命，经济势头达到了高峰，并在1867年法国巴黎举办了第一届世界工业博览会，向全球彰显了自身的国家实力与国际地位。

新洛可可时期所营造出的繁荣景象让法国服饰文化又一次进入奢华、时尚的状态之中，并且拉开了近代时尚产业的序幕。这个时期，女装大量使用"克里诺林"裙撑，一种新的女性完美姿态油然而生（图3-106）。同时，高级时装店的出现、真人模特走秀，让时尚概念广泛地传入大众群体。女性服饰强调曲线与装饰，男性服饰强调简单与机能性成为这一时期服饰的典型特征。

（二）发型与发饰

精致性是新洛可可时期女性发型与发饰的鲜明特点。此阶段，女性的发色较为多变，经常通过化工染剂的方式改变发色，达到与众不同的效果。女性的整体发式是从两鬓向后梳起，用发网从头后包裹，发式轮廓呈椭圆状（图3-107、图3-108）。与此同时，女性为塑造更为宽大的发型会佩戴假发，发式多为中分并且向横向拉伸（图3-109）。女性的发饰较多流行小帽，并在帽子的不同位置添加羽毛、花饰或其他装饰品。男性发式仍以干练的短发为主，为增加光泽会在头部涂抹发油，并在重要场合佩戴黑色绸子礼帽，帽筒高度在这一时期达到了最高（图3-110、图3-111）。

（三）面部与化妆

这一时期，女性的面部妆容从浓烈、夸张的方式逐渐回归到理性，化妆技巧更适宜自身面容的特点。面部肤色、眉部线条、唇色唇形、腮红等细节更加和谐、自

图3-106 | 乔治·修拉作品《大碗岛的星期天下午》
图片来源：美国纽约大都会艺术博物馆资料图

图3-107 | 皮埃尔·奥古斯特·雷诺阿《莫奈夫人与她的儿子》
图片来源：美国华盛顿国家美术馆官网资料图

图3-108 | 弗雷德里克·雷顿作品《缠绕绞线》
图片来源：澳大利亚悉尼新南威尔士州美术馆官网资料图

图3-109 | 弗朗西斯科·何塞·德·戈雅-卢西恩特斯作品《塞恩·贝
穆德斯德妻子》
图片来源：匈牙利布达佩斯美术博物馆官网资料图

图3-110 乔瓦尼·波尔蒂尼作品《朱塞德·威尔第》
图片来源：意大利罗马国家现代美术馆官网资料图

图3-111 亨利·德·土鲁斯-劳特累克作品《英国男士》
图片来源：美国纽约大都会艺术博物馆资料图

然（图3-112）。男性面部注重鬓角与胡须的形态，偏好留络腮胡子，而嘴唇上部多留有"八字胡"（图3-113）。

图3-112 皮埃尔·奥古斯特·雷诺阿作品《划船党的午餐会》
图片来源：美国华盛顿菲利普斯收藏馆官网资料图

图3-113 爱德华·马奈作品《艾布辛斯饮酒者》
图片来源：丹麦新嘉士伯艺术博物馆官网

四、巴斯尔时期

（一）社会背景

巴斯尔一词源于18世纪末期欧洲女性曾出现的臀垫"Bustle"，不同于巴洛克时期与洛可可时期紧身胸衣、宽大裙撑所形成的"X"型曲线，其更加强调女性臀部的上翘与饱满，这一轮廓趋势的改变直接影响到19世纪末期欧洲女性的服饰审美。普法战争的爆发改变了法国的国家实力以及繁荣的经济状况，同时也直接影响到法国国内的时尚业，使其陷入衰败与混乱的秩序之中，而巴斯尔臀垫正是在此期间（1870～1890年）迅速流行起来。

巴斯尔时期，由于臀垫的原因女性整体裙腰线较高，并且更加注重臀部的装饰性，如蝴蝶结、花边褶皱等。与此同时女性的裙撑设计更加科学化，并且裙身下摆会有巴斯尔拖裙的设计（图3-114）。男装方面，延续着之前时代的基本样式，礼帽、燕尾服、西裤、皮鞋的搭配。

（二）发型与发饰

此阶段，贵族女性更多将头发自然地垂落在后背，并通过发网罩住，同时也有部分女性将头发编成辫子，或者保持自然的卷发。发饰方面，女性普遍会佩戴之前时期流行过的小帽子。男性发型仍以短发为主，发式轮廓强调脑后的凸起，整体向后梳，并露出脸部与耳朵，部分男性发端会梳成发髻或垂在肩上。发饰方面，前期较为流行佩戴无檐帽，帽体较小，上有打结的绸带装饰，后期开始流行有檐帽。

（三）面部与化妆

女子的化妆技术相当成熟，各种香水也不断被开发出来。本

图3-114 | 皮埃尔·奥古斯特·雷诺阿作品《长廊》
图片来源：美国洛杉矶保罗·盖蒂博物馆官网资料图

着"展现自我便是美"的理念，女性涂抹适合自己的脂粉、眼影、眼线以及红色的嘴唇，一切都是适合自己的。男子保持面部的整洁，留胡须和光洁的头发成为时尚。

五、S形时期

（一）社会背景

19世纪末期至20世纪初期，资本主义国家逐渐向垄断资本主义发展，发达国家向全世界扩张殖民地，而艺术领域出现了新的思潮，艺术表现特征突出流畅而柔美的线条，而人物形象表现方面也富有幻想与装饰性，此种特征也显示在绘画、建筑等艺术领域中。

受新艺术造型理念的影响，S形女装主要是指挺胸、收腹、翘臀、波浪状裙摆，侧面呈优美的S形且腰部有接缝的连衣裙款式，服装史上将这一时期称为"S形时期"。

（二）发式与头饰

到了19世纪90年代，平顶的宽帽取代装饰繁多的小花帽，男孩的帽子往往被女性当成运动或骑车时的配饰，小巧可爱的帽子装扮在午后休息或晚餐聚会是很时髦的（图3-115）。男子留短发，戴高筒礼帽，很有绅士风度。

（三）面部与化妆

女子很注重面部的妆容以及科学的美容与保养，倡导健康规律的生活方式，这样女性气质会由内向外散发出来，把自己最积极自信的一面展现出来，这是对当时美的定义。各种美容的小方法刊登在时尚杂志上，爱美的女性也会奉献出自己的美容心得。男子的面容很整洁，定期修理胡须。男女都普遍使用香水。

图3-115 亨利·德·土鲁斯·劳特累克作品《戴文·雅波奈》
图片来源：日本岩崎美术馆官网资料图

总　结

1. 古埃及、古希腊时期，西方社会开启了文明萌芽，国家基础建设的不断完善，科学、哲学、农业、手工业逐步形成，而美的意识也随着社会的进步，在人们心中落地生根。古埃及时期的妆发关联着统治阶级身份地位的显现以及神灵庇佑的表达。古希腊时期，大众的妆发内容则表现为健康、向上的人体美。

2. 古罗马时期，妆容与发型延续着古希腊时期的特征，并且男性的外观形象凸显"尚武精神"。时至中世纪，宗教思想、东方文化交织于西方社会文化之中，人们的妆容愈发保守、神秘，充满多元文化融合的特征。

3. 文艺复兴时期，是西方社会发展的第二次高峰，大众走出黑暗的中世纪，迈向充满人文色彩的新时代。文艺复兴时期，人们的妆容有着更加自我、大胆的表达，无论是发型、妆容方式，还是夸张的头饰等，无一不彰显人们审美的新认识。

4. 巴洛克时期与洛可可时期，是西方妆发发展的高峰期，人们的外观装扮有着前所未有的自由度。从皇室贵族到普通民众，审美的另类追求始终贯彻其中。巴洛克时期男性的"女性化"装扮，洛可可时期强烈的装饰色彩成为这一时期西方社会妆发的重要特征。

5. 新古典主义时期开始至19世纪末期，资产阶级革命逐步登上西方历史舞台，人们的审美意识开始出现现代特征，女性形象妩媚、典雅，男性形象的绅士、沉稳是这个时期西方社会大众妆发的标准，并且相应新式的化妆品、化妆工具逐渐出现在市面上。

思考题

1. 古埃及妆发如何体现身份等级？

2. 古希腊与古罗马时期妆发有何异同？

3. 中世纪西方妆发的发展、流变是什么？

4. 文艺复兴时期人们如何通过妆发表达自己的审美态度？

5. 比较巴洛克与洛可可时期妆发的特点。

6. 新古典主义时期，西方妆发审美的新变化体现在哪些方面？

20世纪西方妆饰文化

课题名称
20 世纪西方妆饰文化

课题内容
20 世纪初期至 20 世纪 90 年代，西方男性、女性妆发的变化与发展
20 世纪西方妆发的种类与特点
20 世纪西方妆发与时代变迁、社会文化的关联

教学目的
使学生深刻理解与认知 20 世纪西方妆发的变化与发展历程
妆发形象所表现的社会文化

教学方式
讲授

教学要求
了解 20 世纪西方妆发史发展的脉络、妆发的变迁与特点
掌握 20 世纪西方妆发制作的方式与技巧

第一节 | 20 世纪初期

一、社会背景

20世纪是人类历史发展中的又一重要变革时期，工业水平大幅度进步，各领域新发明层出不穷，大都市生活方式在各个主要国家初具规模。深度的工业化加速了各国对于重工业与军事力量的发展，也间接推动了第一次世界大战的爆发。从1914年6月第一次世界大战爆发到1918年11月结束，西方社会在政治、经济、文化等方面发生了巨大变化，部分贵族家庭与中产阶级受到了巨大的经济重挫，奢华风格逐渐消失，高级时装市场陷入巨大困境。与此同时，女性有了更高的社会地位，并且触动了现代女装风格的发展。军装元素、女性长裤成为20世纪初期女性服饰新的代名词。

图4-1 保罗·波列时装画作品《保罗·波列的连衣裙》
图片来源：英国伦敦"声音与音乐"中心官网资料图

二、发式与头饰

此阶段，一些时髦的女性发型会更多设计成蓬松短发，发丝以卷发为主，头部两侧的发端会卷曲垂下并遮盖住耳部，前额发丝多以偏中分的走向进行设计，部分女性也有遮盖住前额的厚刘海。由于染发剂的出现，使得女性的发色较为多样，黑色、棕色、黄色等是当时较为时髦的发色选择。同时，普通女性多以扎简单的发髻为主，没有过多的造型设计（图4-1、图4-2）。头饰方面，大部分女性在日常生活中会在头顶中间位置以较宽的发带装饰头部，并在发带侧面装饰蝴蝶结。此外，大檐礼帽仍是上流社会女性重要场合时佩戴的主要头饰，礼帽的宽度以及体积较之前时期更加宽大，甚至达到了遮盖头部、头重脚轻的视觉效果（图4-3）。

　　20世纪初期，男性的发式已基本定型为短发，并且长度更加缩短，完全露出额头与耳部。一些上流社会男性会利用发油涂抹发丝，以达到贴服于头皮且富有光泽的"油头"造型（图4-4、图4-5）。社会活动中，在苏联等西方共产主义国家中，男性则多佩戴有弧形帽檐的便帽，代表着鲜明的劳动阶级形象（图4-6）。

图4-2｜保罗·波列时装画作品《保罗·波列连衣裙》
　　　图片来源：英国伦敦"声音与音乐"中心官网
　　　资料图

图4-3｜马塔·哈里的摄影肖像荷兰舞蹈家
　　　图片来源：美国纽约《生活》杂志摄影资料图

图4-4｜《乐谱·斯瓦尼》封面
　　　图片来源：美国国家游戏博物馆官网资料图

图4-5｜艾伦·图灵的照片肖像
　　　图片来源：英国伦敦巴比肯艺术中心官网资料图

图4-6｜爱德华·克拉克摄影作品《庆祝十月革命》局部
　　　图片来源：美国纽约《生活》杂志摄影资料图

三、面部与化妆

　　20世纪初期，贵族女性仍热衷于奢侈的时尚生活，而普通民众的生活重心则更多放在了家庭，大众的审美态度趋于休闲化，因此在贵族女性与普通女性之间产生了审美的差异性。贵族女性的面部皮肤强调白皙有光泽，并且在颈部以及手臂等部位也注重皮肤白嫩的保养，因此部分女性会用白色粉底或身体霜进行维护，这与普通女性干燥发红的皮肤质感形成了鲜明对比（图4-7）。此外，贵族女性也十分注重眼部、唇部部位的刻画，睫毛的上翘与拉长以及唇部的饱满润泽塑造出楚楚动人的外观形象（图4-8）。

图4-7　藤岛武二作品《黑扇》
　　　　图片来源：日本ARTIZON美术馆官网资料图

图4-8　莉拉·卡伯特·佩里作品《身着紫罗兰色长裙的女性》
　　　　图片来源：美国华盛顿国际女性艺术博物馆官网资料图

第二节 | 20 世纪 20 年代

一、社会背景

　　第一次世界大战结束后，西方社会进入到新的社会秩序之中，各国经济体系的恢复成为重要议题，而社会民主思潮也在愈演愈烈，并在20世纪20年代末期的美国经济大萧条阶段达到了高峰。正是在如此社会背景的主导下，女权运动以及女权思想逐渐深入人心，女性有了更多的权力参与到社会工作与社会活动之中，女性的职业装应运而生。

　　在20世纪20年代中期，一种"像男孩一样"（图4-9）的服装开始受到社会女性群体的青睐，服装轮廓简单、柔软，衣身与裙身多以直线裁剪，原本女性服饰上累赘的花边装饰、束腰以及紧身胸衣已难寻踪迹，更为自然、休闲化的装束成为女性新的外观形象。

图4-9　服装设计师可可·香奈儿生活照
图片来源：美国纽约《生活》杂志摄影资料图

二、发式与头饰

　　"男孩风貌"影响下，各式短发成为女性首选的发型。此阶段，女性已较少保留卷发，发丝以直发为主，部分女性头部两侧发梢会向内作自然的弯曲状，形成活泼、动感的"波波头"（图4-10、图4-11）。多数女性的额前会设计成齐直的刘海（图4-12），或以侧分的形式露出前额（图4-13）。发饰方面，女性佩戴"钟形帽"成为20年代的一种时尚，其多以羊毛或粗纺呢为面料，帽檐与帽筒边际处有丝带的

图4-10 | 奥托·迪克斯作品《玛莎·迪克斯夫人肖像》
图片来源：德国弗柯望博物馆官网资料图

图4-11 | 影星路易斯·布鲁克斯版画
图片来源：法国巴黎Itinerrance画廊官网资料图

图4-12 | 拉萨尔·塞格尔作品《贝比·德·阿尔梅达
肖像》
图片来源：巴西Case Guilherme de Almeida传
记文学博物馆官网资料图

图4-13 | 著名服装设计师可可·香奈儿
图片来源：美国纽约《生活》杂志摄影资料图

装饰（图4-14）。与此同时，各式的
礼帽与太阳帽仍为女性日常生活中
所使用。

　　20世纪20年代男性发式在短发
的基础上产生了一些细微的变化，
一些名流政要发型多采用偏分或中
分的方式（图4-15、图4-16），而一
些年轻男子仍会在重要场合将发型
打理成油头（图4-17）。发饰方面，
不同职业的男性会通过帽饰象征自
己的身份，如社会政要常佩戴短筒
礼帽（图4-18），军人多佩戴有徽章
的硬檐军帽，而一些工人、农民则
多佩戴鸭舌帽（图4-19）。

图4-14 | 钟形帽照片
图片来源：玛尼·弗格《时尚通史》，陈磊译，中信
出版社，2016年版第241页

图4-15 美国《时代周刊》1928年1月9日封面
图片来源：美国纽约《生活》杂志摄影资料图

图4-16 美国《时代周刊》1927年12月12日封面
图片来源：美国纽约《生活》杂志摄影资料图

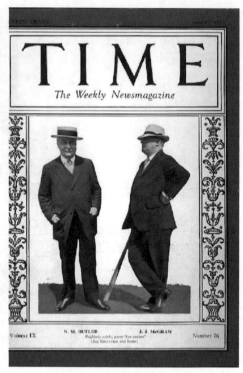

图4-17 | 美国《时代周刊》1927年5月16日封面
图片来源：美国纽约《生活》杂志摄影资料图

图4-18 | 美国《时代周刊》1927年6月27日封面
图片来源：美国纽约《生活》杂志摄影资料图

图4-19 | 纪实照片《得克萨斯州哈德曼县六个没有农场的租户农民》
图片来源：美国休斯敦美术馆官网资料图

三、面部与化妆

　　由于化妆技术、化妆工具的提升与丰富，女性可通过眉笔塑造出更多丰富的眉型，同时眼影粉、假睫毛以及防水睫毛液的发明让女性的妆容变化产生更多的样式。此外，女性的唇妆倾向于突出上唇部的唇峰曲线，唇部整体饱满、红润且线条弯曲。而在配饰方面，女性更加看重装饰性以及服饰搭配，因而以香奈儿为代表的时装饰品成为都市女性外观搭配的重要元素（图4-20~图4-22）。

图4-20 | 曼·雷摄影作品《身着香奈儿服饰的模特》
图片来源：巴西奥斯卡·尼迈耶博物馆官网资料图

图4-21 | 曼·雷摄影作品《身穿香奈儿服饰的模特》
图片来源：巴西奥斯卡·尼迈耶博物馆官网资料图

图4-22 | 曼·雷摄影作品《李·米勒》
图片来源：巴西奥斯卡·尼迈耶博物馆官网资料图

第三节 | 20 世纪 30 ~ 40 年代

一、社会背景

进入20世纪30年代，全球性的经济大危机笼罩在大众的日常生活中，贫穷、失业率上升等尖锐的社会问题导致西方社会出现了一种忧郁、复古、沉闷的美学特征，而女性的服饰风格也在此阶段发生了鲜明的变革。衣身突出女性苗条的身材线条，肩部的柔软袖子紧贴皮肤等服饰细节，让女性的服饰风格更加成熟优雅、妩媚。与此同时，30年代美国好莱坞文化的魅力又将性感、娇柔的女性服饰风格达到了极致。

从1939年9月第二次世界大战全面爆发开始，至1945年9月结束，整个20世纪40年代全世界再一次陷入战争的泥潭之中。在战争的影响下，大众服饰开始趋向于实用性，衣料质朴、款式简单，服饰结构更加适于日常生活与工作需要。多数女性服饰增加了垫肩、腰带以及硬领等细节，凸显鲜明的男性化色彩。

二、发式与头饰

20世纪30年代，妩媚、优雅的审美风格让女性发式更富精致感。烫发成为女性们塑造多样发型的主要手段，层叠式的短波浪发型、长至肩部的大波浪发型、尾部向上弯曲的波浪发型，都成为时髦女性发型设计的首选（图4-23、图4-24）。发饰方面，镶嵌亮钻或珍珠的发夹与发扣成为女性装饰发型的主要饰品；而在一些时尚海报上，模特常佩戴贝雷帽、钟形帽以及海员帽（图4-25）。

20世纪40年代，女性发型从短卷发向落肩卷发转变，虽然减少了发型装饰，但发丝层次更加丰富且成熟（图4-26）。发饰方面，女性流露出中性化色彩，部分女性电影明星会佩戴黑色礼帽、贝雷帽或军帽（图4-27、图4-28），以达到视觉的反差效果。与此同时，40年代美国流行的成衣时尚也间接衍生出毡帽纱网、斑点丝网、发网束发等经典头饰（图4-29）。

图4-23 | 阿尔弗雷特·艾森施泰特摄影作品《玛丽莲·
梦露》
图片来源：美国纽约《生活》杂志摄影资料图

图4-24 | 阿姆丽塔·谢尔吉尔作品《克拉拉·谢佩西》
图片来源：印度孟买国家现代艺术馆官网资
料图

图4-25 | 20世纪30年代时尚海报
图片来源：玛尼·弗格《时尚通史》，陈磊译，
中信出版社，2016年版第259页

图4-26 | 彼得·斯塔克波儿摄影作品《苏珊·皮特斯》
图片来源：美国纽约《生活》杂志摄影资料图

第四章　20世纪西方妆饰文化 —— 139

图4-27 | 妮娜·雷恩摄影作品《年轻的电视女演员》
图片来源：美国纽约《生活》杂志摄影资料图

图4-28 | 阿尔弗雷德·艾森施泰特摄影作品《影星马琳·
黛德丽》
图片来源：美国纽约《生活》杂志摄影资料图

图4-29 | 卡内基套装宣传图
图片来源：玛尼·弗格主编的《时尚简史》第
280页

三、面部与化妆

　　20世纪30年代，女性为塑造优雅且
性感的外观气质，着重于纤细且弯曲的
眉型，紫色、棕色、金色的眼影搭配，
以及面颊处粉红色腮红的自然处理等
（图4-30）。而至40年代，由于战争的缘
故，女性减少了面部妆容的打扮，仅在
唇部以及眼部有些许涂抹，整体感觉自
然、清新（图4-31）。

图4-30 施特劳斯·佩顿摄影作品《简·哈露》
　　图片来源：美国杰克逊镇历史学会官网资料图

图4-31 玛尔塔·霍姆斯摄影作品《加拉·斯多姆》
　　图片来源：美国纽约《生活》杂志摄影资料图

第四节 | 20 世纪 50 年代

一、社会背景

进入20世纪50年代，随着第二次世界大战结束，一方面，人们对于和平渴望已久，各国都将重心放到国家社会、经济体系的重建；另一方面，不同的政治立场让东、西方两大阵营形成了对峙状态，冷战时代拉开序幕。从20世纪50年代开始，时尚逐渐成为西方世界人们日常生活中必不可少的元素，而当法国著名设计师克里斯蒂·迪奥推出系列作品"新样式"（New Look）时，柔软的肩部、A字形的裁剪结构则重新定义了女性的时装，并为后期时尚设计的发展奠定了基础。

图4-32 罗密士·迪恩摄影作品《身着迪奥新系列服装的模特》
图片来源：美国纽约《生活》杂志摄影资料图

二、发式与头饰

20世纪50年代女性已较少留有40年代流行的长卷发，反之开始尝试各类精致的短发。短发长度不超过耳部与前额，多数发型的发丝会在上额至头中间进行蓬松的效果，头中间向后贴附于头部，充满精气神，又蕴含成熟女性的韵味（图4-32）；部分女性的发型仍会采用烫发的方式，但整体长度较短，同时一些女性的发型会将全部发丝向后梳，并在脑后盘成发髻（图4-33）。

发饰方面，除之前流行的钟形帽、军帽之外，由迪奥所设计的大阔边遮阳帽、A形帽以及矮筒礼帽也成为时尚女性热衷的帽饰。同时，耳部佩戴珍珠耳钉、水晶耳饰也是这一时期女性重要的服饰搭配（图4-34）。

三、面部与化妆

　　女性在20世纪50年代所呈现出的成熟与性感，使得妆容设计更加贴近这一外观感觉。此时女性眉毛线条十分纤细，色泽黑亮，并且会在眉尾处有折角的设计；同时，女性面部肤色十分白皙，面部粉底涂抹较厚，而唇部的口红色号较为红润，与白皙皮肤形成色彩的强烈对比（图4-35）。此外，指甲油的流行也成为该时期女性化妆的鲜明标志。

图4-33 ｜ 雷夫·摩士摄影作品《吸烟与健康》
　　图片来源：美国纽约《生活》杂志摄影资料图

图4-34 ｜ 摄影作品《妮娜·雷恩》
　　图片来源：美国纽约《生活》杂志摄影资料图

图4-35 ｜ 阿伦·格兰特摄影作品《奥黛丽·赫本》
　　图片来源：美国纽约《生活》杂志摄影资料图

第五节 | 20世纪60～90年代

一、社会背景

20世纪60～90年代是全球经济、文化、政治多面发展的黄金时期，同时也是时尚产业多元化发展的重要阶段。60年代，西方社会凸显"反叛"思潮，越南战争的爆发，多种社会民主运动的出现，加之摇滚乐、朋克文化、颓废文化的盛行，让特立独行的服饰成为人们态度表达的载体，牛仔裤、迷你裙、喇叭裤等成为60年代西方服饰文化符号。

70年代，东、西方在文化艺术方面产生了更多的碰撞与融合，东方的文化元素被西方时尚设计师重新发掘并融入设计作品之中，而在文化融合的背景下，大众时尚呈现出多极化的方向发展。与此同时，更为民主化的时尚主张，让时装能够广泛地进入人们的生活之中，T恤、朋克夹克、时尚成衣逐渐成为大众日常生活中喜爱的服饰。

从80～90年代，东、西方冷战逐渐结束，国际性的合作与多极发展成为时代的主题，大众更加关注全人类的共同福祉与问题，环境、饥饿、战争、民主公正等范畴成为该时期重要的社会话题，而时尚产业也因此受到直接影响，诸多时尚设计师通过提出"环保主义""贫穷主义"以及新材料等概念，用实际行动回应时代主题。除此之外，以三宅一生、山本耀司为代表的日本时尚设计师借助独特的裁剪方式、简单的色彩与结构，诠释了新时代时装的概念与内涵。

二、发式与头饰

20世纪60年代，反叛思潮不仅在服饰方面有所呈现，同时独特的造型设计也是反映这一思潮的鲜明符号，"沙宣头"正是这一时期最为流行的女性发式。"沙宣头"整体造型类似宇航员的头盔，轮廓近似蘑菇形，头部上端较窄并从两端向外弧形扩张，到发尾处向内回收，露出耳部，而刘海以斜向修剪，有时会遮住一侧的眉毛（图4-36）。与此同时，披肩直发也是60年代许多女性日常生活的主要发型，结合牛仔帽、包头巾，使得简单、洒脱的外观形象符合着反叛思想的社会背景（图4-37）。男性方面，受到嬉皮士、摇滚乐的影响，许多男性留有"爆炸头""波

波头"以及中长的卷发（图4-38、
图4-39）。

　　70年代，女性头发式样注重多层
吹干，明亮而健康。同时长期的以白
色人种为美之典范的观念有了很大的
改变，出现了许多有色人种的明星和
时尚偶像，因此卷曲而蓬松的发型也
受到了时髦人士的推崇，人们开始喜
欢厚重而浓密的卷发（图4-40）。

　　80～90年代，女性喜欢将头发
剪短，或者将头发盘起来，形成干
净利落的形象。额头的刘海通常是
高高梳起来的，因此发胶、发蜡的
使用非常重要，借助这些化学品，
一丝不苟的"女强人"发式才能成
功。同时，随着中性风格和简约风

图4-36 《纸娃娃套装·弗朗西和凯西》宣传海报
图片来源：美国国家游戏博物馆官网资料图

格的流行，90年代的女性发式也呈现出空前的简单风格，追求质朴而简单的感觉
（图4-41）。一种将头发拉直的技术应运而生，受到了极大的欢迎。将头发拉得笔直
的不仅有东方人，还有生来一头卷发的西方人。简单的直发成为一种时尚，头发的
颜色也最好是深色的，如黑色、栗色等。

图4-37 马库斯·格雷厄姆摄影作品《年轻的朋克者》
图片来源：英国伦敦青年文化博物馆官网资料图

图4-38 | 比尔·埃普里奇摄影作品《伍德斯托克艺术音乐节》
图片来源：美国纽约《生活》杂志摄影资料图

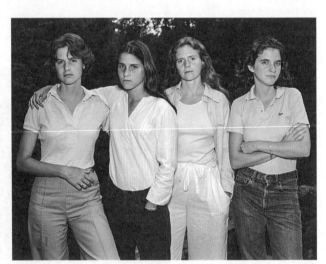

图4-39 | 加文·沃森摄影作品《穿
皮夹克的阿斯波》
图片来源：英国伦敦青年
文化博物馆官网资料图

图4-40 | 尼克拉斯·尼克松摄影作品《布朗姐妹》
图片来源：Mapfre基金会官网资料图

图4-41 | 爱德华·克拉克摄影作品《凯瑟琳·肯尼迪生活照》
图片来源：美国纽约《生活》杂志摄影资料图

三、面部与化妆

20世纪60年代，女性的化妆着力突出女孩稚嫩的皮肤感，嘴唇颜色自然，基本看不出涂过唇膏的痕迹。眼睛则要着重刻画，眼影较重，眼影膏涂很多层，非常流行用假睫毛。此外，花朵成为主要的装饰品，无论是真花还是塑料花都很受欢迎，特别是玛丽·奎恩的塑料雏菊。因太空时代的出现而随之创新出许多科幻色系的化妆品，如银蓝眼影，白色、黄色的口红（图4-42）。

70年代，女性利用化妆和服饰打扮来表达自己的独特个性。"自然美"是这个时期提出来的口号。女性化妆一般不使用过于艳丽的色彩，润肤油和皮肤色的眼影油最常用，指甲油也都使用透明无色。不过夜生活的打扮与白天大有不同，讲求纤细的眉毛、染色的睫毛，妆面要艳丽夺人（图4-43）。

80年代，女性面部化妆从色彩上讲比较浓重，而从形态上讲又比较自然。例如，眉型呈自然形状，不过多地修饰，但颜色很深很浓。眼影的使用比较重，唇部形态自然而饱满，口红颜色则艳丽。在色彩上，这个时期流行色彩与自然混合，眼影色彩、颊部粉色、粉底等都自然混合和自然过渡，看不出上妆的痕迹。此外，这个时期还出现了所谓的"永久性"化妆，就是把眼眉、眼线、唇线作纹体刻画。同时，由于整形手术的产生与发展，女性开始使用医学方式改变自身的形体（图4-44、图4-45）。

图4-42 凯文·文特尔摄影作品《女明星》
图片来源：美国纽约《生活》杂志摄影资料图

图4-43 拉夫·克莱尼摄影作品《时尚女孩》
图片来源：美国纽约《生活》杂志摄影资料图

图4-44 让·路易·雪莱1983年设计的套装
图片来源：玛尼·弗格《时尚通史》，陈磊译，
中信出版社，2016年版第436页

90年代形象设计的观念推出，使美在不同时空和心境下都可以刻意营造出来。这个时期，自然美被认为是真正的美。头发干净整齐，皮肤润滑光泽而有弹性，身体健康，不胖也不瘦，是社会普遍认为美的形式。化妆方面依然努力营造"自然"的特色，许多面霜和蜜粉都是无色透明的，而对防晒、皮肤湿润度的控制要求则越来越高。90年代的化妆品空前丰富，出现以白色为主的眼妆和唇彩，晶亮的粉底与眼影，亮光的产品成为又一时髦标记（图4-46）。

图4-45 | 劳伦·赫顿为卡尔文·克莱因拍摄的广告
图片来源：玛尼·弗格《时尚通史》，陈磊译，中信出版社，2016年版第398页

图4-46 | 古琦1999年海报
图片来源：玛尼·弗格《时尚通史》，陈磊译，中信出版社，2016年版第474页

总 结

1. 20世纪伊始，西方社会进入全新发展的新阶段，资本主义经济的发展使商业与大众社会紧密相连，时尚这一概念开始悄然声息地出现在社会之中，相应地，时尚商业门店、时尚生活方式也逐步被大众所接受，妆发开始出现现代时尚萌芽。

2. 经历两次世界大战的冲刷，西方文化经历着战争、政治版图重组以及经济崩溃的多重交织，而时尚妆发也随着社会因素的影响发生着更迭变化。

3. 从20世纪40～90年代，快速发展的消费主义、冷战状态的揭幕、反战思潮与自由思想的迸发、国际多元化的形成，让西方审美形成了诸多时代标签，奢侈精致风、高级定制风、朋克风、波希米亚风、国际风相继孕育而生，20世纪西方妆发也因此变革为时代烙印鲜明，且充满多元文化色彩的妆发历程。

思考题

1. 20世纪初期至40年代，西方妆发的特征是什么？

2. 20世纪50～90年代，西方妆发的发展历程是什么？

第五章

中国古代妆发对现代时尚形象设计的启示

课题名称

中国古代妆发对现代时尚形象设计的启示

课题内容

在现代时尚形象设计中的应用

在现代时尚形象设计中的意义

教学目的

使学生认知中国古代妆发对现代时尚形象设计的影响

了解中国古代妆饰设计元素在现代时尚形象设计中的应用

感知其所传递出的中华优秀传统文化与意义

教学方式

讲授

教学要求

掌握在现代时尚形象设计中，中国古代妆饰设计元素的应用

感知中华优秀传统文化，通晓中国古代妆饰设计元素在现代时尚形象设计中的应用意义

　　大多数时候，人们对"时尚"的理解仿佛都与前卫和现代有关。对当下的潮流，若不紧紧跟随便会转瞬即逝。稍加时日，回顾以往，却又惊奇地发现时尚其实一直在轮回。事实上，这轮回的时尚转盘，从遥远的古代便已经开始更迭。就女性的妆饰来谈，中国古典妆容在天道自然中拾取人生意趣，又与数千年华夏文明进程同步。凝眸处，黛眉山远；启朱唇，笑靥花开；胭脂妆粉，姹紫嫣红；雾鬓云鬟，乌发摩天。时至今日，美妙纷呈的古妆在现代女性的眼角眉梢仍能略窥一二。

第一节 | 在现代时尚形象设计中的应用

　　形象设计是一门综合类的艺术学科，主要指个体外观的重塑和包装，包含发型、配饰、妆容等设计元素于一体。现代时尚形象设计中，不同的人物形象主题所展现的风格、意境、表现手法不同，所传达给观众的视觉效果也不同。当今社会有着多元的舞台化特质，形象设计是各种秀场中不可忽略的重要时尚要素，这种设计是具有引领时尚潮流的作用，为服装的整体设计提供不同的时尚元素，成为时尚界的风向标。近年来，国内外时尚领域以中国元素为灵感的服装表演秀场逐渐增多。这类秀场中，设计师无一例外都对模特的妆容设计十分重视。国内外设计师将中国古代妆发设计元素在秀场形象设计上应用，为人物形象设计带来了新的思路理念和非程式化设计角度，为中国传统元素的国际化发展奠定了基础，将时尚前卫与传统完美融合。

　　在现代秀场形象设计中使用中国古代妆饰元素，能够充分体现出中华民族的精神内涵和历史传统。中国古代妆饰元素是中国传统文化艺术精髓的重要成分，其独特魅力和设计上的多样性在形象设计中体现得淋漓尽致。形象设计师在根据秀场主题在设计过程中对本民族传统文化的底蕴进行深度挖掘，在设计中既融入现代生活，又体现出时尚和传统的完美结合。

　　以"楚和听香"发布会为例，楚和听香2016年春夏"觉色"系列，设计师楚艳的灵感来源于敦煌莫高窟壁画中唐代服饰人物形象。灵活运用传统面料，以更现代的手法将唐代典型的高腰襦裙、大袖短袄等传统服饰再现。设计作品将传统制式与现代简约风格进行整合，含蓄立体的设计，没有过多的中国符号化的元素，却传递出浓郁的东方美学魅力。这次发布会主要是以唐代服饰为主线的表演，模特形象设

计上也应用唐代女性的造型元素。图5-1
中"觉色"系列模特形象，其面部效果
展现了唐代贵族女性的妆面特征，状似
"桃花妆"，将红色胭红施于两颊并晕染
开来，妆色浅而艳如桃花，两条细长的
"远山眉"灵动、优美（图5-2）。发型则
采用唐代十分盛行的"椎髻"（图5-3），
整体形象高贵端庄。秀场上的模特面如
满月，眉清目秀，闲和典雅，仿佛从唐
代壁画中走出的仕女。

　　楚和听香2019年春夏"观唐"系
列，通过"传统服饰艺术再现"和"时
尚创新设计"两个部分。"传统服饰艺术
再现"部分以博物馆提供的唐代珍贵文
物女陶俑为灵感来源，以唐代女陶俑的
丰腴之美、名媛风貌将唐代服饰艺术再
现，延续经典。图5-4中的模特形象，红

图5-1 ｜ 楚和听香 2016 年春夏发布会
　　　图片来源：中国国际时装周网站

图5-2 ｜ 新疆阿斯塔纳墓出土泥头木身俑
　　　图片来源：叶杨《丝路遗韵新疆出土文物展图
　　　录》，文物出版社，2011年版第116页

图5-3 ｜ 陶彩绘持排箫女俑
　　　图片来源：故宫博物院藏

妆粉面的"桃花妆"配以淡淡的"柳叶眉",将嘴唇描绘成传统的樱桃小口,梳两
鬓抱面、头上发髻似抛出状的"抛家髻",将唐代陶俑造型完美复原。图5-5中的模
特,面庞饱满圆润,傅粉施朱,红艳的"酒晕妆",额描花钿,眼下贴翠钿,丹唇

图5-4 | 唐代女陶俑及复原形象之一
图片来源:楚和听香官方微博

图5-5 | 唐代女陶俑及复原形象之二
图片来源:楚和听香官方微博

一点，梳自少数民族发明流行盛唐的"乌蛮髻"，秀美袅娜，整体造型俏皮、可爱。栩栩如生的妆发造型与服饰遥相呼应，增强了秀场的代入感；"时尚创新设计"部分，图5-6中"观唐"系列秀场模特形象，面妆采用更为淡雅的红妆"飞霞妆"，眉型改良了眉头尖、眉尾分梢上翘的"拂云眉"（图5-7），更加纤细，符合现代审美。发型较为简单，将头发梳成"回鹘髻"盘于头顶（图5-8），整体形象简洁大方。无论是最初化红妆所使用的胭脂原料，还是源于少数民族的回鹘髻，都是随着丝绸之路而进入唐代妇女生活的，这些中国古代妆饰元素的应用，使得整个设计更具历史文化韵味。无论是复原古代锦绣的服饰造型，还是穿越古今的华丽时装，无不令观众赞叹。

图5-6 ｜ 楚和听香2019年春夏发布会
图片来源：中国国际时装周网站

图5-7 ｜ 新疆阿斯塔纳张礼臣墓出土绢画局部
图片来源：新疆维吾尔自治区文物局《新疆维吾尔自治区博物馆》，文物出版社，1991年版第146页

图5-8 ｜ 唐代陶彩绘持盒女俑
图片来源：故宫博物院藏

第二节 | 在现代时尚形象设计中的意义

　　中国传统文化元素作为中华文明的重要组成部分，俨然成为中国当代设计师炙手可热的灵感来源。而随着形象设计的出现和发展，现代生活的文化创新理念也有了新的表现形式，在现代风格各异的场合中表现出了独特的艺术形式与艺术风格。现代时尚形象设计大量地运用了中国传统妆饰元素，实际上就是将形象设计作为文化传播的载体，最终服务于新时代的民族文化。

一、提高国人的文化自信

　　中国优秀传统文化是泱泱大国千年文明中积淀下来的智慧结晶，具有强大的生命力。中国悠久的传统文化特点是我们最自信的文化发展基石，中国千百年历史的造型文化具有绚烂多姿的特点，广泛对世界其他国家产生着不同的影响。中国古代妆饰造型作为中国传统文化的一部分，同样也承载着民族厚重的文化底蕴和根基。

　　将现代时尚形象设计与中国古代妆饰元素相融合，在观者受到视觉刺激的同时，带动人们重视传统文化、尊重传统文化。人物造型元素一旦被赋予了民族特色，就更像是一种文化符号，它具有独特性、象征性的意义，如发型、妆容、配饰等基础元素展现各种文化符号，是我们文化变迁的时代风向标。中国悠久的历史文化，影响着每时期的人物造型特点，不同的时代风貌有着不同的历史人物造型特点，也改变着中国人自身的传统审美。中国传统文化的融入不仅在审美领域中有一定的重要意义，从精神层面来讲更多的是表达一种对于中国传统文化发自内心的自信与自豪，又能够有效地将中国传统造型文化融入世界时尚潮流中去。传统文化元素融入妆饰设计中的初衷是为了弘扬华夏文化，是后人表达对自己炎黄祖先所流传后世文化的一种真诚纪念和敬意，更是一种文化传承。

二、有利于传统文化的继承和发展

　　现如今社会经济迅猛发展，新媒体时代的到来使更多现代化的元素融入人们的生活中，但仍有很多的年轻形象设计师并没有深入地了解中国的传统文化，忽略了对传统文化知识的学习。在创作中，一味偏好于国际时尚风格，使其设计作品缺乏中国特色的传统文化理念和内涵。

年轻的形象设计师若能更好地了解熟悉中国传统文化知识特点并加以运用，将在发扬中国传统文化元素时起到重要的传承作用，如果在作品设计中添加中国传统文化精髓，其形象中妆饰造型创作作品也将起到更重要的民族理念传播意义。引起时尚界的关注，从而对中国传统文化的传承与发展起到推动作用。

三、为设计师提供更多的设计素材

随着国际时尚界的关注，中国传统元素成为设计界的新宠，本土设计师更应进一步深入挖掘中国传统元素，为中国时尚产业源源不断输入新鲜的血液。中国古代妆饰元素的应用，可以为设计师们提供广阔的素材，丰富设计师们的知识储备。设计师可以根据其设计需要与设计灵感，从题材库中选择符合设计要求的资源素材，完善自己的设计想法，设计出风格多样的设计作品。展望当下的时尚流行趋势和审美需求，在设计作品中融入文化价值，能够诠释更优秀的作品效果。

四、使形象造型更符合时尚主题

经济的迅猛发展使中国成为世界的焦点，年轻的设计师应在此时更好地展现具有中国独特风格的时尚元素，展现中国新一代设计师的创作风采，将传统的文化精髓更好地推向国际时尚圈。中国古代妆饰元素作为中国传统文化重要的一支，是现代形象设计的灵感宝库。把妆饰元素这一符号融入现代形象设计之中，将时尚与中国元素相结合，作品带有独特的文化魅力和个性特征，更加符合时下的时尚主题。随着全球各国来往的频繁，国与国的文化密切交流环境下，传统文化元素必须要保留自身国家文化的特殊性并进行合理化创新，这将是中国传统文化走进世界时尚舞台的捷径。

五、设计作品更具有文化内涵

文化价值是我国传统文化经久不衰的关键所在。在中国古代妆饰元素丰富的形式背后，浓厚的民族文化使其更加耀眼。中国传统元素在现代设计作品中，有着丰富的人文主义内涵。将中国古代妆饰元素以及内涵精神体现在现代时尚形象设计中，将各种不同的地域风格、人物个性特点和传统符号与现代文化相互融于一体，这个含义对于中国人来说是十分特殊的，中国人骨子里的爱国情怀与潜移默化中受到的文化熏陶，使其更容易接受这种审美和表现出来的情感诉求，对于这种文化的接受程度更高。

　　我国古代人物妆发艺术是中国传统文化中一颗耀眼的明珠，其元素中所蕴含的文化特色及审美态度十分值得深入探索。传统人物造型中的妆饰元素与当今的形象设计间又存在着千丝万缕的内在联系，中国古代的妆饰也在影响着当代的妆饰设计。研究现代妆饰设计可以通过历史传承来深度挖掘传统人物造型中妆饰设计元素的独特魅力，在去粗取精、部分提取的基础上融入设计师独特的创意思维加以创新，并不断吸收外来文化设计理念，才能更好地把中国传统造型中妆饰设计元素与时尚相融合，博得世界关注，最终达到发扬中国传统文化的目的。

总　结

　　1. 妆饰已逐渐成为人们生活中不可缺少的重要一环。在现代文化交融的大时代背景下，了解并探究古代妆饰潮流的发展历程，有所扬弃的借鉴与汲取，分析其与现代流行时尚千丝万缕的联系，不仅展现了古代妆饰文化的艺术价值，赋予其实际意义，还能够逐渐把握时尚的脉搏与轨迹。

　　2. 国内外设计师将中国古代妆饰元素在秀场形象设计上应用，为人物形象设计带来了新的思路理念和非程式化设计角度，为中国传统元素的国际化发展奠定了基础，将时尚前卫与传统完美融合。

　　3. 中国古代妆饰元素在现代时尚形象设计中的应用意义：提高国人的文化自信，有利于传统文化的继承和发展，为妆饰设计师提供更多的设计素材，使形象造型更符合时尚主题、设计作品更具有文化内涵。

　　4. 我国古代人物妆发艺术是中国传统文化中一颗耀眼的明珠，其元素中所蕴含的文化特色及审美态度十分值得深入探索，我们要把中国传统造型中妆饰设计元素与时尚相融合，博得世界关注，最终达到发扬中国传统文化的目的。

思考题

　　1. 了解中国古代妆发设计元素在现代时尚形象设计中的应用并举例分析。

　　2. 通过对中国古代妆发设计对现代时尚启示的学习，分析中国古代妆饰元素在现代时尚形象设计中应用的意义，并进行古为今用的创新造型设计。

参 考 文 献

［1］十三经注疏·周易正义·系辞下［M］. 北京：中华书局，1980.

［2］戴圣. 礼记（国学大书院）［M］. 王学典，译. 江苏：江苏凤凰科学技术出版社，2018.

［3］马缟. 中华古今注［M］. 北京：中文在线数字出版集团，2020.

［4］戴圣. 礼记·乐记篇［M］. 中华文化讲堂，注译. 北京：团结出版社，2017.

［5］刘向. 战国策·楚策三［M］. 缪文远，缪伟，罗永莲，译. 北京：中华书局，2015.

［6］屈原. 楚辞［M］. 亦文，注. 北京：中国画报出版社，2014.

［7］范晔，司马彪. 后汉书［M］. 北京：中华书局，1962.

［8］班固. 汉书［M］. 北京：中华书局，1962.

［9］房玄龄，等. 晋书［M］. 北京：中华书局，1974.

［10］沈约. 宋书［M］. 北京：中华书局，1974.

［11］萧子显. 南齐书［M］. 北京：中华书局，1974.

［12］魏徵，等. 隋书［M］. 北京：中华书局，1975.

［13］汪启明，等. 华阳国志·系年考校［M］. 北京：中国社会科学出版社，2021.

［14］褚人获. 坚瓠记·四·补集卷之三［M］. 李梦生，校点. 上海：上海古籍出版社，2012.

［15］刘昫，等. 旧唐书［M］. 北京：中华书局，1975.

［16］欧阳修，等. 新唐书［M］. 北京：中华书局，1975.

［17］脱脱，等. 辽史［M］. 北京：中华书局，1974.

［18］脱脱，等. 宋史［M］. 北京：中华书局，1977.

［19］脱脱，等. 金史［M］. 北京：中华书局，1974.

［20］宋濂，等. 元史［M］. 北京：中华书局，1976.

［21］张廷玉，等. 明史［M］. 北京：中华书局，1975.

［22］王溥. 唐会要［M］. 北京：中华书局，1990.

［23］聂崇义. 新定三礼图［M］. 北京：中华书局，1992.

［24］孟元老. 东京梦华录［M］. 北京：中国商业出版社，1982.

［25］沈从文. 中国古代服饰研究［M］. 香港：商务印书馆香港分馆，1981.

［26］周锡保．中国古代服饰史［M］．北京：中国戏剧出版社，2002.

［27］原田淑人．中国服装史研究［M］．安徽：黄山出版社，1983.

［28］孙机．华夏衣冠：中国古代服饰文化［M］．上海：上海古籍出版社，2016.

［29］华梅．中国历代《舆服志》研究［M］．北京：商务印书馆，2015.

［30］李芽，陈诗宇．中国妆容之美［M］．湖南：湖南美术出版社，2021.

［31］扬之水．中国古代金银首饰［M］．北京：故宫出版社，2014.

［32］李当岐．西洋服装史［M］．北京：高等教育出版社，2005.

［33］佩尼．世界服装史［M］．徐伟儒，译．辽宁：辽宁科学技术出版社，1987.

［34］弗格．时尚通史［M］．北京：中国画报出版社，2020.

［35］贡布里希．艺术的故事［M］．范景中，译．广西：广西美术出版社，2014.

［36］杨建峰．中国人物画全集［M］．北京：外文出版社，2011.

［37］纪江红．中国传世人物画·上卷［M］．北京：北京出版社，2004.

［38］巫鸿．中国绘画中的"女性空间"［M］．北京：生活·读书·新知三联书店，
　　　2019.

［39］王耀庭．故宫书画图录［M］．北京：故宫博物院，2003.

［40］中国出土壁画全集［M］．北京：科学出版社，2011.

［41］黄能馥，陈娟娟，黄钢．中华服饰七千年［M］．北京：清华大学出版社，2011.

［42］敦煌研究院．敦煌石窟全集·24·服饰画卷［M］．香港：商务出版社（香港），
　　　2005.

［43］晋祠博物馆．中国晋祠［M］．太原：山西人民出版社，2005.

［44］贾玺增．中外服装史［M］．上海：东华大学出版社，2016.

［45］丁宁．西方美术史［M］．北京：北京大学出版社，2015.

［46］阎宗临．欧洲文化史［M］．北京：商务印书馆，2021.

［47］华梅．西方服装史［M］．北京：中国纺织出版社，2003.

［48］王受之．世界时装史［M］．北京：中国青年出版社，2002.

［49］陈彬．国际服装设计作品鉴赏［M］．上海：东华大学出版社，2008.

［50］张晨．时装的觉醒·西方现代服饰史［M］．北京：中国轻工业出版社，2010.

［51］刘瑜．中西形象设计史［M］．上海：上海人民出版社，2010.

［52］李芽．脂粉春秋：中国历代装饰［M］．北京：中国纺织出版社，2015.

［53］李芽．耳畔流光：中国历代耳饰［M］．北京：中国纺织出版社，2015.

［54］李芽．中国历代女子妆容［M］．南京：江苏文艺出版社，2017.

［55］李秀莲．中国化妆史概说［M］．北京：中国纺织出版社，2000.

［56］刘悦．女性化妆史话［M］．天津：百花文艺出版社，2005.

［57］傅伯星．大宋衣冠：图说宋人服饰［M］．上海：上海古籍出版社，2016．

［58］程旭．唐韵胡风［M］．北京：文物出版社，2016．

［59］贾玺增．四季花与节令物［M］．北京：清华大学出版社，2016．

［60］贾玺增．中外服装史［M］．上海：东华大学出版社，2018．

［61］沈从文．中国古代服饰研究［M］．上海：上海书店出版社，2011．

［62］李薇．国粹图典服饰［M］．北京：中国画报出版社，2016．

［63］吴帆．化妆设计［M］．上海：上海交通大学出版社，2012．

［64］吴帆．发型设计［M］．上海：上海交通大学出版社，2012．

［65］中华遗产编辑部．中国衣冠［M］．北京：中国国家地理出版社，2018．

［66］中华遗产编辑部．美哉妆容［M］．北京：中国国家地理出版社，2019．

［67］中华遗产编辑部．风华与衣装［M］．北京：中国国家地理出版社，2019．

［68］朱圆圆．红妆黛眉——唐代仕女画面妆解读［D］．青岛：青岛科技大学硕士学位论文，2016．

［69］苗琳．略施粉黛——中国古代女性形象"妆容"研究［J］．美术大观，2020，（07）：90-92．

［70］李震．从《簪花仕女图》谈唐代宫廷仕女服饰之美［J］．美术观察，2018，（03）：122．

［71］姚惠明．淡妆浓抹总相宜：古典诗词与当代女性妆容的设计［J］．戏剧丛刊，2012（05）：110-112．

［72］田广林．中国传统文化概论［M］．北京：高等教育出版社，1999．

［73］范丽．唐代仕女面妆的符号特征及对现代时尚影响的研究［D］．无锡：江南大学硕士学位论文，2009．

［74］周少华．人物形象设计［M］．武汉：湖北美术出版社，2006．

［75］桂晓沁．人物形象设计中传统文化元素融合［J］．戏剧之家，2017（08）：170-171．